BORIS GRUNDL

# LEADING SIMPLE

## WIE FÜHRE ICH ANDERE?

Wie Sie das wirkungsvollste
Führungssystem
anwenden.

Schritt für Schritt

DAS ARBEITSBUCH

GABAL

Externe Links wurden bis zum Zeitpunkt der Drucklegung des Buches geprüft. Auf etwaige Änderungen zu einem späteren Zeitpunkt hat der Verlag keinen Einfluss. Eine Haftung des Verlags ist daher ausgeschlossen.

Bibliografische Information der Deutschen Nationalbibliothek

Die Deutsche Nationalbibliothek verzeichnet diese Publikation in der Deutschen Nationalbibliografie; detaillierte bibliografische Daten sind im Internet über http://dnb.d-nb.de abrufbar.

ISBN 978-3-96739-110-7

4. Auflage 2026

Lektorat: Susanne von Ahn, Hasloh
Umschlaggestaltung: Martin Zech Design, Bremen | martinzech.de
Titelfoto: Nico Pudimat
Autorenfoto: Nico Pudimat
Satz und Layout: Grundl Leadership Institut, Trossingen
Druck und Bindung: Salzland Druck GmbH & Co. KG, Löbnitzer Weg 10, D-39418 Staßfurt, vertrieb@salzland-druck.de


Wir drucken in Deutschland.

www.gabal-verlag.de
www.gabal-magazin.de
www.facebook.com/Gabalbuecher
www.x.com/gabalbuecher
www.instagram.com/gabalbuecher

PEFC-zertifiziert
Dieses Produkt stammt aus nachhaltig bewirtschafteten Wäldern und kontrollierten Quellen
PEFC/04-31-2251
www.pefc.de

ÖKOLOGISCHE VERANTWORTUNG

**Wir übernehmen Verantwortung! Ökologisch und sozial!**

- Verzicht auf Plastik: kein Einschweißen der Bücher in Folie
- Nachhaltige Produktion: Verwendung von Papier aus nachhaltig bewirtschafteten Wäldern, PEFC-zertifiziert
- Stärkung des Wirtschaftsstandorts Deutschland: Herstellung und Druck in Deutschland

Inhaltsverzeichnis

# Das Führungssystem Leading Simple©

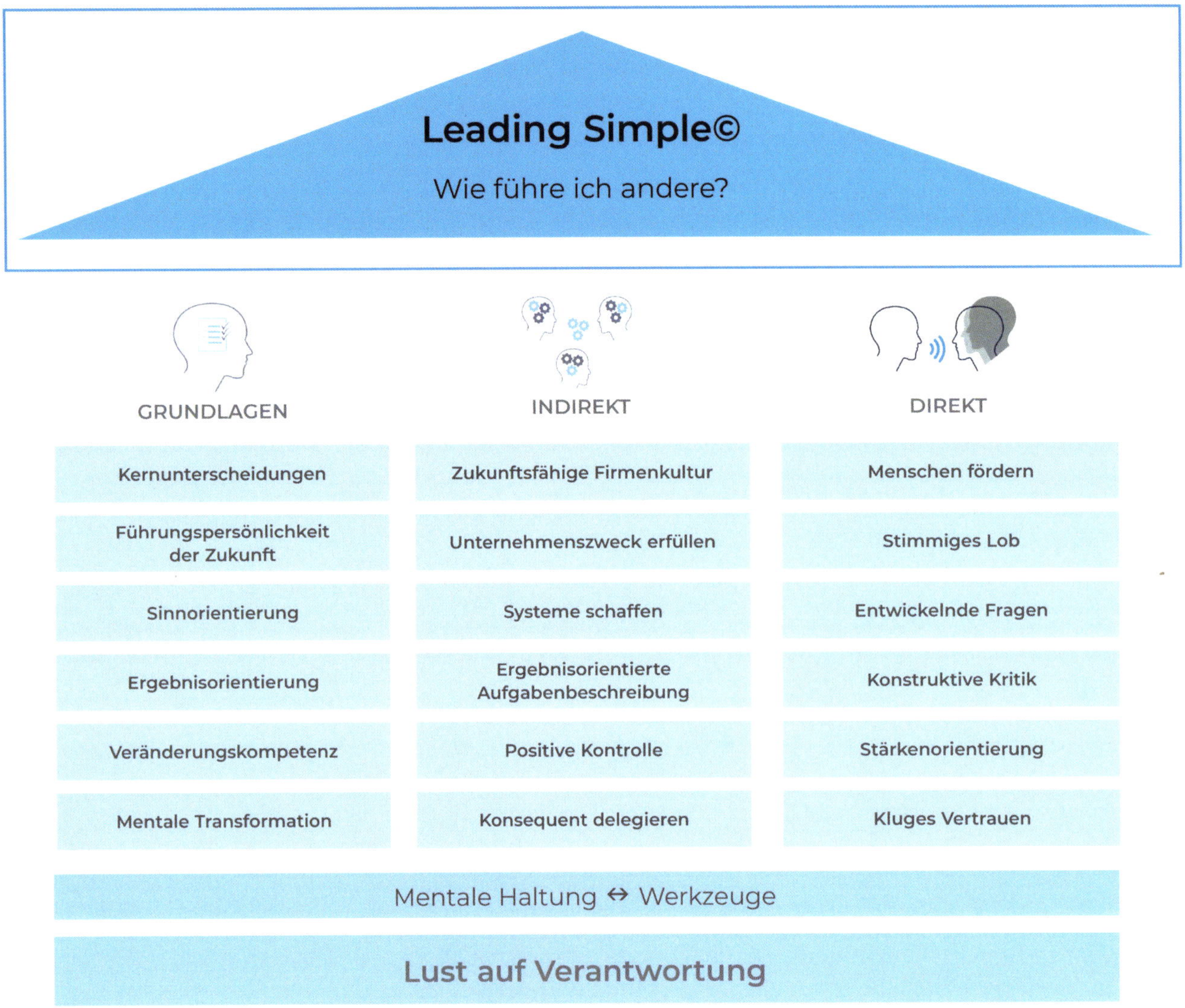


Das Führungssystem Leading Simple© besticht durch eine klare Struktur und einen präzisen Aufbau. Mit dieser klar ausgerichteten Anleitung erhält jede Führungskraft eine nachvollziehbare Führungssystematik. Sie versteht, was warum und wie getan werden muss. So wird das System zu einem didaktischen Leitfaden ergebnisorientierter Führung.

**Dabei definiert es die entscheidenden Punkte deutlich:**

- Grundlagen zur Menschenführung: Wie werde ich die beste Führungskraft, die ich sein kann?
- Direkte Führung: Wie führe ich von Mensch zu Mensch?
- Indirekte Führung: Wie erleichtern mir Systeme die Führung?

Über 300 erfolgreiche Transformationsprozesse in Unternehmen sowie 11.000 Seminarteilnehmende bestätigen: Leading Simple© bringt alle entscheidenden Aspekte wirkungsvoller Führung auf den Punkt. Unternehmen und Führungskräfte, die dieses System konsequent anwenden, werden mit höherer Profitabilität und verantwortungsbewussten Mitarbeitenden belohnt. Garantiert!

**Das Buch „Leading Simple© – Führen kann so einfach sein“**

Das Buch erzählt die außergewöhnliche Erfolgsgeschichte von Louis Berg. Davon, wie er trotz eines heftigen Schicksalsschlags ein erfolgreicher Leader wird. Ein Leader, der nicht nur andere führen kann, sondern vor allem sich selbst.

Eingebettet in die spannende Geschichte wird das Führungssystem „Leading Simple©“ praxisnah präsentiert.

**Das Arbeitsbuch „Leading Simple – Wie führe ich andere?“**

Das Arbeitsbuch bietet die einmalige Möglichkeit, das erfolgreiche Führungssystem „Leading Simple©“ in der Praxis tiefer zu durchdringen.

Schritt für Schritt werden Sie durch die 20 Module des Führungssystems geführt. Anhand zahlreicher Übungen, Vorlagen und Checklisten erarbeiten Sie einen konkreten Leitfaden, der Sie und Ihr Umfeld zu Spitzenergebnissen führt.

**Die Online-Lernwelt des Grundl Leadership Instituts**

Die Lernwelt liefert eine beeindruckende Möglichkeit, sich und seine Führungsfähigkeiten besser kennenzulernen. Mit ihr erhalten Sie Zugang zu einer der wirkungsvollsten Führungskräfte-Plattformen seit Langem.

Jede Lektion im Arbeitsbuch bildet ein 20-minütiges Video-Training in der Online-Lernwelt ab. Mit mehr als 8.700 Minuten Videomaterial sowie 2.100 Minuten ergänzenden Seminar-Mitschnitten erhalten Sie auf jede Führungsfrage die passende Antwort.

In Kombination mit den dazugehörigen Umsetzungscalls bleibt keine Frage offen. Durch den passenden Trainer an Ihrer Seite ist alles einfacher – egal, ob Sie Praxisfragen haben oder Tipps benötigen. Die Online-Lernwelt ist das Zugpferd Ihrer persönlichen Entwicklung.

# Überblick:
# Das Führungssystem Leading Simple©

**Direkte & indirekte Führung**

Die Fähigkeit zu führen ist der Unterschied zwischen Erfolg und Versagen und damit zwischen einem erfüllten Leben und frustrierender Mittelmäßigkeit.

### Aufgaben: Direkte und indirekte Führung

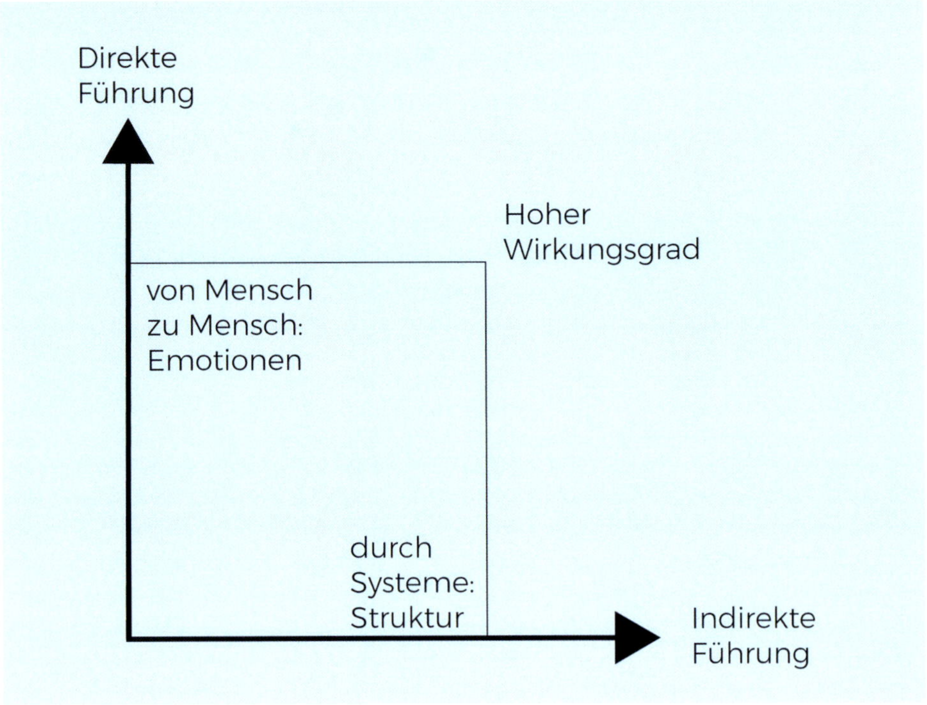


Grundsätzlich gibt es zwei Wege, Mitarbeitende zu führen. Sie können direkt führen, aber auch indirekt – durch Systeme.

Solange es Menschen gibt, werden Sie immer direkt führen müssen. Dennoch gilt: Auf lange Sicht sind Sie deutlich effektiver, je stärker Sie Systeme in Ihren Führungsstil einbinden. Die indirekte Führung bringt eine Vielzahl an Vorteilen mit sich. Beispielsweise ist ein Unternehmen auf diese Weise deutlich weniger von Einzelpersonen abhängig. Perfektionierte Systeme lassen zudem weniger Raum für Fehler. Die Konsequenz: Alle sparen Zeit, da die täglichen Prozesse immer effizienter werden. Systeme schaffen Vertrauen. Das wiederum räumt der Führungskraft – Ihnen – mehr Freiräume ein, sodass Sie sich auf andere Dinge konzentrieren können. Lassen Sie sich nicht dazu verführen, mehr als nötig direkt zu führen. Wer es versäumt, wirkungsvolle Systeme zu installieren, muss das mit direkter Führung ausgleichen.

Nur was einfach ist, lässt sich standardisieren. Sie müssen das Folgende verinnerlichen:

**Idee – vereinfachen – System – multiplizieren – Erfolg**

---

**Entwicklungsfragen**

Arbeiten Sie die folgenden Fragen gewissenhaft durch und stellen Sie fest, ob Sie ein grundlegendes Verständnis von direkter und indirekter Führung entwickelt haben. Ziel dieses Moduls ist es, Ihnen die notwendige Differenzierungsfähigkeit mit auf den Weg zu geben. Erst dann fahren Sie fort mit dem nächsten Modul.

1. Wie bewusst ist Ihnen, dass indirekte Führung ebenso wichtig ist wie direkte Führung?

   ..........................................................................................

   ..........................................................................................

   ..........................................................................................

   ..........................................................................................

2. Definieren Sie direkte Führung.

   ..........................................................................................

   ..........................................................................................

   ..........................................................................................

   ..........................................................................................

3. Definieren Sie indirekte Führung.

.................................................................................................

.................................................................................................

.................................................................................................

.................................................................................................

4. Wann haben Sie als Führungskraft erfolgreich direkt geführt? Warum haben Sie sich in dieser Situation für direkte Führung entschieden?

.................................................................................................

.................................................................................................

.................................................................................................

.................................................................................................

5. Wann haben Sie als Führungskraft erfolgreich indirekt geführt? Warum haben Sie sich in dieser Situation für indirekte Führung entschieden?

.................................................................................................

.................................................................................................

.................................................................................................

.................................................................................................

6. Je überflüssiger ich mich bei meinen Mitarbeitenden mache, desto besser die Ergebnisse. Begründen Sie diese Aussage.

..................................................

..................................................

..................................................

..................................................

7. Welche weiteren Vorteile bringt die indirekte Führung mit sich?

..................................................

..................................................

..................................................

..................................................

8. Wie sieht Ihr Führungsstil in Zukunft idealerweise aus?

..................................................

..................................................

..................................................

..................................................

## Lust auf Verantwortung:
## Wie wird Verantwortung zum Zentrum einer zukunftsfähigen Firmenkultur?

- Lektion 1: Was bedeutet Verantwortungsbewusstsein? ☐
- Lektion 2: Welche Auswirkung hat der Fokus auf Verantwortung in Organisationen? ☐
- Lektion 3: Warum fällt uns Verantwortungsübernahme so schwer? ☐
- Lektion 4: Wie gehe ich klug mit Verantwortung um? ☐
- Lektion 5: Wie entwickle ich Verantwortungsbewusstsein? ☐
- Lektion 6: Wie übe ich Verantwortungsbewusstsein? ☐
- Lektion 7: Welche Absichten führen zu welchem Verantwortungsbewusstsein? ☐
- Lektion 8: Wie nehme ich meinen Verantwortungsbereich (Leben) geistig in Besitz? ☐

# Modul: Lust auf Verantwortung

Ein Leader hat Lust auf Verantwortung. Dabei durchläuft sein Bewusstsein jedes Mal sechs unterschiedliche mentale Haltungen (siehe S. 19). Meist unbewusst. Das Kennen dieser mentalen Zustände schärft seinen Umgang mit Verantwortung enorm. Durch den bewussten Umgang entsteht eine unschlagbare Firmenkultur, in deren Zentrum Lust auf Verantwortung steht.

### Lektion 1: Was bedeutet Verantwortungsbewusstsein?

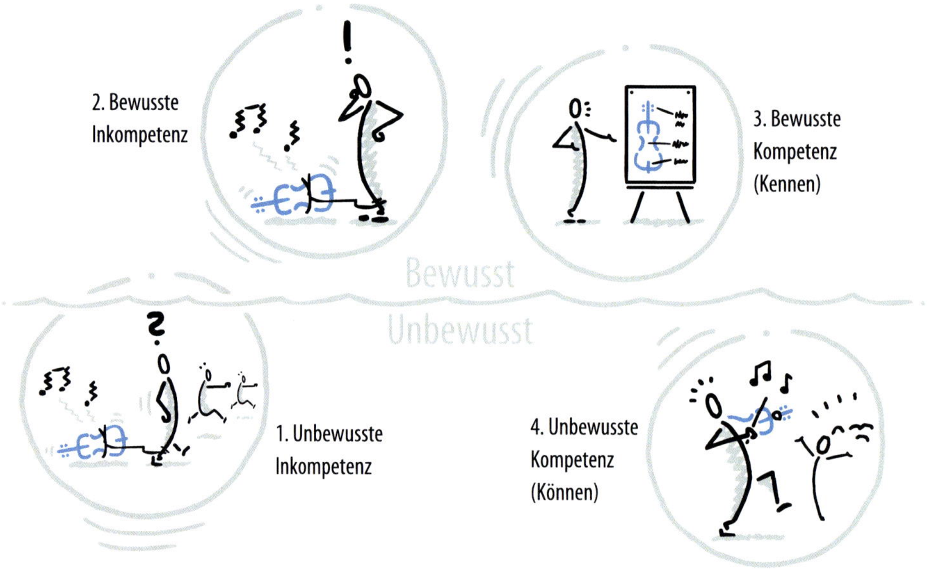


1. Unbewusste Inkompetenz: Der Teil der eigenen Verantwortung ist uns noch nicht bewusst. Kurz: Wir wissen nicht, was wir nicht können. Wenn etwas nicht funktioniert, suchen wir einen Schuldigen oder sehen Verantwortung bei anderen. Erinnern Sie sich an eine solche Situation.

.............................................................................................................

.............................................................................................................

.............................................................................................................

2. Der Schritt von der Inkompetenz in die bewusste Kompetenz ist ein Lernprozess. Welche Fähigkeiten und Kenntnisse haben Sie? Überlegen Sie, in welchem Bereich Sie sich jeweils befinden: Was geht Ihnen unbewusst von der Hand? Wo müssen Sie vielleicht noch bewusst überlegen, um die gewünschten Ergebnisse zu erreichen?

..............................................................................................................................

..............................................................................................................................

..............................................................................................................................

3. Nehmen Sie eine der oben genannten Fähigkeiten, bei denen Sie noch nicht die Stufe der unbewussten Kompetenz erreicht haben. Wie können Sie sich in diesem Bereich verbessern?

..............................................................................................................................

..............................................................................................................................

..............................................................................................................................

4. Denken Sie nun an einen Ihrer Mitarbeitenden. Auf welcher Kompetenzstufe steht er? Wie können Sie ihn gezielt zu seinen Stärken führen?

..............................................................................................................................

..............................................................................................................................

..............................................................................................................................

## Lektion 2: Welche Auswirkung hat der Fokus auf Verantwortung in Organisationen?

Interessiert Sie die Verantwortungsqualität

in Ihrem Unternehmen? ☐

Wollen Sie dies valide messen und abbilden? ☐

Interessieren Sie Maßnahmen, um die Verantwortungsqualität

in Ihrem Unternehmen zu erhöhen? ☐

! Bestätigung zielt darauf ab, das eigene Selbst zu stärken. Wachstum hingegen hat das Ziel, das eigene Selbst infrage zu stellen – eine Kehrtwende um 180 Grad.

1. Ordnen Sie Ihre Mitarbeitenden ein.

| **Bestätigung** | **Wachstum** |
|---|---|
| | |
| | |
| | |

2. Wo gehen Sie die Dinge gerne an und wo empfinden Sie Probleme als nicht lösbar?

   Wo fällt Ihnen Verantwortung leicht?

   ..................................................

   ..................................................

   Und wo fällt Ihnen Verantwortung schwer?

   ..................................................

   ..................................................

Früher war die Führungskraft für alles verantwortlich. Eine Person ging vorweg, der Rest folgte. Dieses Superhelden-Bild ist stark in den Köpfen der Menschen verankert und noch heute versuchen Führungskräfte, diese Position einzunehmen. Denken Sie einmal über folgenden Vorschlag zur Verantwortungsverteilung nach:

**50 % Unternehmen und Führungskräfte**
**50 % Mitarbeitende**

Als Anregung: Wie können Sie Verantwortungsbereiche ermöglichen und definieren? Wie konsequent sind Verantwortungsbereiche in Ihrem Unternehmen ermöglicht und definiert? Sind die Umsetzungswerkzeuge für die Verantwortungsbereiche klar definiert und stehen sie zur Verfügung? Haben Sie Lust, Menschen zu entwickeln? Wollen Sie Ihre Mitarbeitenden zur Selbstfunktionalität führen?

## Lektion 3: Warum fällt uns Verantwortungsübernahme so schwer?

**Entlarven Sie Ihre Prägung**

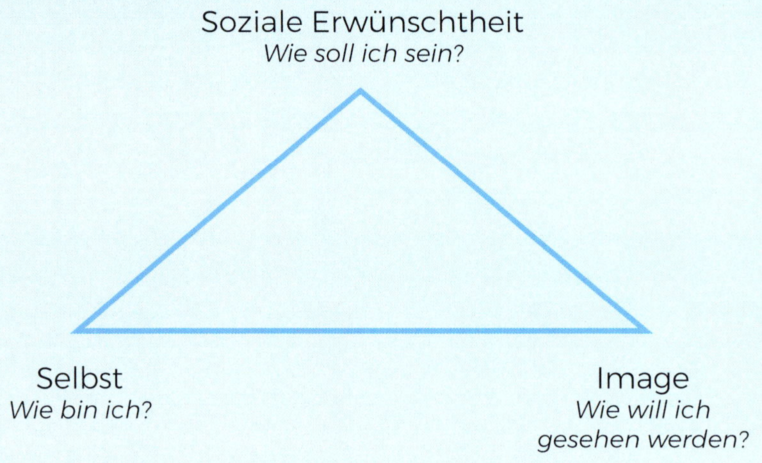


1. Wo stehen Sie sich selbst im Weg, wenn es darum geht, Verantwortung zu übernehmen? Welche Prägungen limitieren Sie?

   ........................................

   ........................................

2. Welche Eigenschaften schreiben Sie sich zu, von denen Sie sich wünschen, dass auch Ihre Außenwelt sie wahrnimmt?

   ........................................

   ........................................

3. Neigen Sie dazu, sich selbst mit Verantwortung zu überfordern? Oder drücken Sie sich vor Verantwortung? Beschreiben Sie sich selbst.

   ........................................

   ........................................

Um bei sich selbst anzukommen, müssen Sie die Königsdisziplin im Umgang mit Verantwortung meistern: Sie müssen die goldene Mitte finden.

> Als Anregung: Wo liegen Ihre Talente? Welche Erfahrungen haben Sie geprägt? Welches Image haben Sie von sich erschaffen? Wo liegt das passende Maß? Kennen Sie Menschen, die bereits bei sich selbst angekommen sind und authentisch wirken?

### Lektion 4: Wie gehe ich klug mit Verantwortung um?

1. Erinnern Sie sich an einen Moment, in dem Sie Verantwortung aus Pflicht übernommen haben? Überlegen Sie, wie es sich angefühlt hat. Wie waren Ihre Ergebnisse?

   ..........................................................................................

   ..........................................................................................

2. Erinnern Sie sich auch an einen Moment, in dem Sie aus freien Stücken Verantwortung übernommen haben. Wie hat sich das angefühlt? Wie waren hier Ihre Ergebnisse?

   ..........................................................................................

   ..........................................................................................

3. Was überwiegt in Ihrem Leben: Verpflichtung oder Verantwortung?

   ..........................................................................................

   ..........................................................................................

**! Gleichgewicht ist wichtig**

Eine gesunde Firmenkultur verfügt über zwei Drittel Mitarbeitende, die aktiv Verantwortung, und ein Drittel, die passiv Verantwortung übernehmen. Wichtig: Die aktiven Mitarbeitenden dürfen die passiven nicht verdrängen.
Wie ist die Verteilung in Ihrem Unternehmen?

 

## Lektion 5: Wie entwickle ich Verantwortungsbewusstsein?

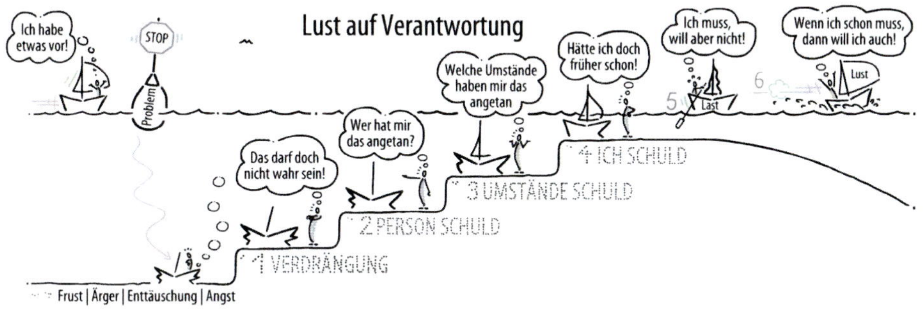


So entsteht „Lust" auf Verantwortung:

**6. Verantwortung**
Wenn ich schon muss, dann will ich es auch …

**5. Verpflichtung**
Ich muss, will aber nicht …

**4. Schuld ICH**
Hätte ich doch nur schon früher …

**3. Schuld UMSTÄNDE**
Welche Umstände haben mir das angetan …

**2. Schuld PERSON**
Wer hat mir das angetan …

**1. Verdrängung**
Das darf doch nicht wahr sein …

1. Sind Sie bereit, zu den Konsequenzen Ihrer Entscheidungen zu stehen, um von Stufe 5 auf 6 zu gelangen? In welchen Bereichen Ihres Lebens stehen Sie auf Stufe 5 und müssen dies noch tun?

..........................................................................................................

..........................................................................................................

**!**

**Wie entsteht Freiheit?**

Freiheit ist nicht, das zu tun, was ich tun will, sondern das zu wollen, was ich tue.

2. Tun Sie, was Sie wollen, oder wollen Sie, was Sie tun? Differenzieren Sie anhand dieser Definition von Freiheit, in welchen Lebensbereichen Sie sich bereits in Stufe 6 befinden?

........................................

........................................

3. Welche Erkenntnisse haben Sie durch die Übung gewonnen?

........................................

........................................

**!** Ein Leader macht sich die sechs Stufen in seinem Bewusstsein immer sichtbarer. Erst danach lädt er seine Teammitglieder ein, dies ebenfalls zu tun. Sie geben sich gegenseitig die Erlaubnis, diese sechs Stufen spielerisch ins Bewusstsein zu rufen.

**Lektion 6: Wie übe ich Verantwortungsbewusstsein?**

**Absicht** – Strebe mit entspannter Hartnäckigkeit nach Verantwortung. Belehre andere nicht.

**Präsenz** – Übe, wann es dir einfällt, und beobachte dich beim Denken (Interessant!)

**Konfrontieren** – Beobachten/Erwischen/Freuen

1. Möchten Sie Lust statt Last an Verantwortung spüren? Welche Bereiche fallen Ihnen spontan ein, wo Sie dies demnächst erreichen möchten?

   ..........

   ..........

2. Beobachten Sie sich selbst beim Denken. Denken Sie dabei auch an die Unterscheidung verstehen/einverstanden sein.

   ..........

   ..........

3. Konfrontieren Sie sich mit Ihren eigenen Entscheidungen. Lernen Sie, sich so auszuhalten, wie Sie selbst sind. Verdrängen Sie nicht. Erkennen Sie und anerkennen Sie.

   ..........

   ..........

**„Ich möchte möglichst viel in Stufe 6 leben.“**

Immer ist das nicht möglich, auch das ist wichtig zu erkennen. Sie müssen sich dieses Prinzip mit einer entspannten Hartnäckigkeit vorhalten.

4. Üben Sie Verantwortungsbewusstsein.

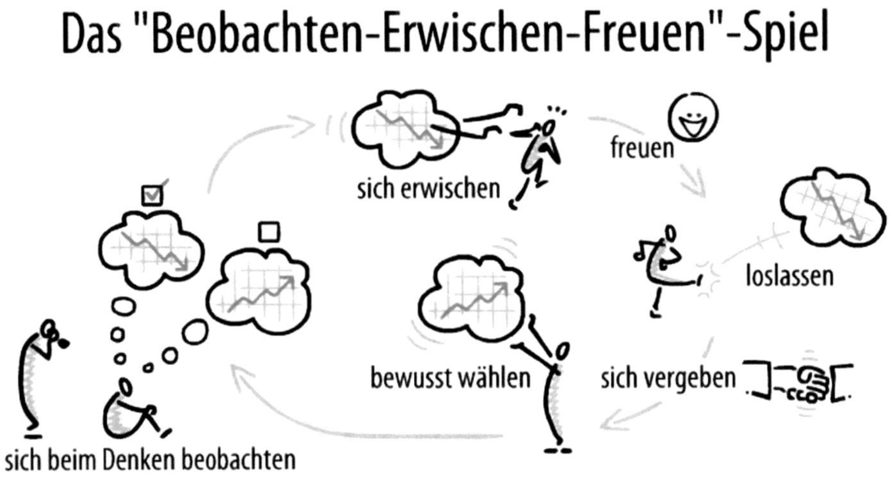

Verantwortung

### Lektion 7: Welche Absichten führen zu welchem Verantwortungsbewusstsein?

Drei mentale Zustände:

1. **Bedürfnisse**
   *(Verantwortung = Last und Pflicht; Energie der Schwere)*
2. **Wünsche**
   *(Verantwortung = Lust und Freude; inspirierende Energie)*
3. **Anspruch**
   *(Verantwortung = Vorwürfe an andere und Kritiklust; Beschwerde-Energie)*

1. Werden Sie sich Ihrer Bedürfnisse bewusst. Wo wird Verantwortung zur Last? Wo schieben Sie Schuld auf äußere Umstände?

   ............................................................

   ............................................................

2. Welcher Wunsch gibt Ihnen inspirierende Energie? Sie merken vermutlich: Wenn es um Dinge geht, die Sie sich wünschen, übernehmen Sie gerne Verantwortung. Welche sind das?

   ............................................................

   ............................................................

3. Wer einen Anspruch hat, der verlangt etwas von außen. Wo haben Sie ein Anspruchsdenken?

   ............................................................

   ............................................................

!

Wer zu hohe Ansprüche hat, kann sich selbst nicht gerecht werden – und wird auch von außen enttäuscht. Überlegen Sie, wo Sie wirklich hohe Ansprüche nach außen haben und ob Sie in der Lage sind, dies selbst zu leisten. Was macht das mit Ihnen? Wo sollten Sie einen Gang herunterschalten?

Verantwortung

## Lektion 8: Wie nehme ich meinen Verantwortungsbereich (mein Leben) geistig in Besitz?

**Absichten transformieren**

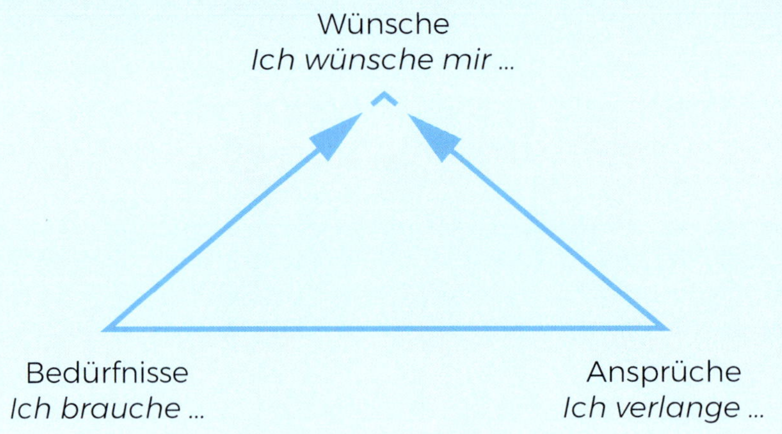


1. Es gibt einen Zustand „Lust auf Verantwortung“: Haben Sie sich bewusst dazu entschieden?

   ........................................................................................................................

2. Mit welcher mentalen Haltung schauen Sie darauf?

   ........................................................................................................................

3. Wissen Sie genau, warum Sie es tun möchten?

   ........................................................................................................................

4. Haben Sie klar gesagt, was Sie möchten und was Sie sich wünschen?

   ........................................................................................................................

5. Wissen Sie, was das Warum Ihres Gegenübers ist?

   ..............................................................................................................................

6. Haben Sie Respekt vor seinen oder ihren Motiven?

   ..............................................................................................................................

7. Gibt es eine schriftliche Vereinbarung (Ergebnisorientierte Aufgabenbeschreibung, EOA, siehe S. 189)?

   ..............................................................................................................................

8. Wissen Sie genau, wie das Ergebnis mit Zwischenschritten aussehen soll? Auch wenn Sie noch nicht genau wissen, wie Sie es erreichen?

   ..............................................................................................................................

*Vertiefen Sie dieses Modul in unserer Online-Lernwelt.*

www.grundl-institut.de/lust-auf-verantwortung

# Grundlagen

## Kernunterscheidungen:
**Wie sorge ich für Klarheit & Orientierung durch das Schärfen meiner Sinne?**

| | | |
|---|---|---|
| Lektion 1: | Fachkompetenz \| Führungskompetenz | ☐ |
| Lektion 2: | Verstehen \| Einverstanden sein | ☐ |
| Lektion 3: | Bestätigung I Wachstum | ☐ |
| Lektion 4: | Kennen \| Können | ☐ |
| Lektion 5: | Beeinflussung \| Manipulation | ☐ |
| Lektion 6: | Nähe \| Distanz | ☐ |
| Lektion 7: | Verbindend \| Trennend | ☐ |
| Lektion 8: | Die drei Säulen moderner Führung | ☐ |
| Lektion 9: | Aufnahmebereitschaft \| Aufnahmeberechtigung | ☐ |
| Lektion 10: | Einflussbereich \| Interessenbereich | ☐ |
| Lektion 11: | Inspiration \| Frustation | ☐ |

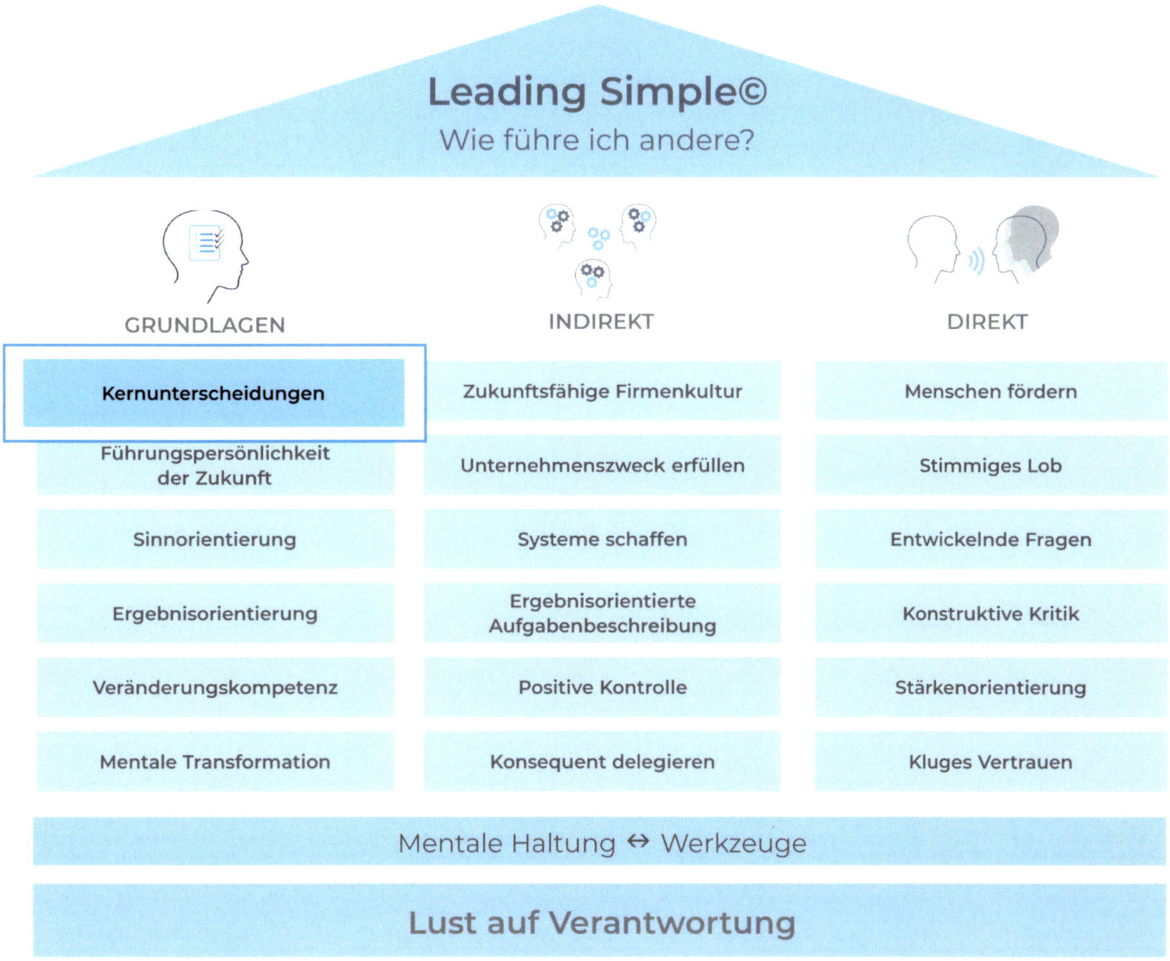

Grundlagen

# Modul: Kernunterscheidungen

Unterscheidungen sind eine Grundtätigkeit des Denkens. Sie ermöglichen dem Leader eine differenzierte Wahrnehmung. Die Ursachen für Ergebnisse werden klar erkannt. Dadurch werden sie zu einer Voraussetzung für Erkenntnis und mentale Transformation. Hochwertige Unterscheidungen sorgen für Klarheit und Orientierung.

### Lektion 1: Fachkompetenz | Führungskompetenz

**Die Bumerang-Pyramide**

Wie werde ich mir meiner Führungskompetenz und damit meiner Führungsverantwortung bewusst?

**Selbsttest**
Wo zieht es Sie eher hin?

Entscheiden Sie sich, welche Aussage eher auf Sie zutrifft: links oder rechts? Kreuzen Sie die entsprechende Aussage an.

| | |
|---|---|
| Ich arbeite gerne für mich. | Mein Herz schlägt für andere Menschen. |
| Ich liebe es, mich in ein Thema zu vertiefen und mich in einer Aufgabe festzubeißen. | Mir ist es wichtig, dass andere ihr Potenzial voll ausschöpfen können. |
| Nur wenn man ein Thema im Detail versteht, kann man effektiv arbeiten. | Mir macht es Spaß, andere in ihrer Entwicklung zu unterstützen. |
| Systematisches Denken ist das A und O. | Wenn andere mit meiner Unterstützung über sich hinauswachsen, ist das auch ein Erfolg für mich. |
| Ich verfüge über ein sehr breites Fachwissen. | Menschen müssen gefördert werden. |
| In meinem Themengebiet will ich mich immer weiter verbessern. | Jeder sollte die beste Version seiner selbst werden, die er oder sie sein kann. |
| **Gesamt:** | **Gesamt:** |

**!** Fachkompetenz ist das Interesse an meiner eigenen Entwicklung. Führungskompetenz ist mein Interesse an der Entwicklung anderer.

Wenn Sie mehr Aussagen auf der linken Seite zugestimmt haben, dann liegt Ihnen viel an Ihrem Fachwissen, jedoch fehlt es Ihnen möglicherweise noch an Führungskompetenz.

Wenn Sie mehr Aussagen auf der rechten Seite zustimmen, dann liegt Ihnen sehr viel an Ihrer Führungskompetenz, jedoch fehlt es Ihnen möglicherweise an Fachkompetenz.

Wenn Sie auf beiden Seiten ungefähr gleich vielen Aussagen zustimmen, dann verfügen Sie über ein ausgeglichenes Verhältnis zu beiden Kompetenzen.

### Übung

Wie können Sie wachsen? Im Selbsttest haben Sie feststellen können, wohin Ihre bisherigen Neigungen zielen. Überlegen Sie in nächster Zeit: Wo lag Ihr Fokus in der Vergangenheit? Wie können Sie Ihren Fokus in Zukunft verschieben?

.....................................................................................................

.....................................................................................................

.....................................................................................................

Grundlagen

**Lektion 2: Verstehen I Einverstanden sein**

Wie bringe ich Menschen mental in eine Bereitschaft, Informationen aufzunehmen?

**Selbsttest**

Ein Gedankenexperiment:

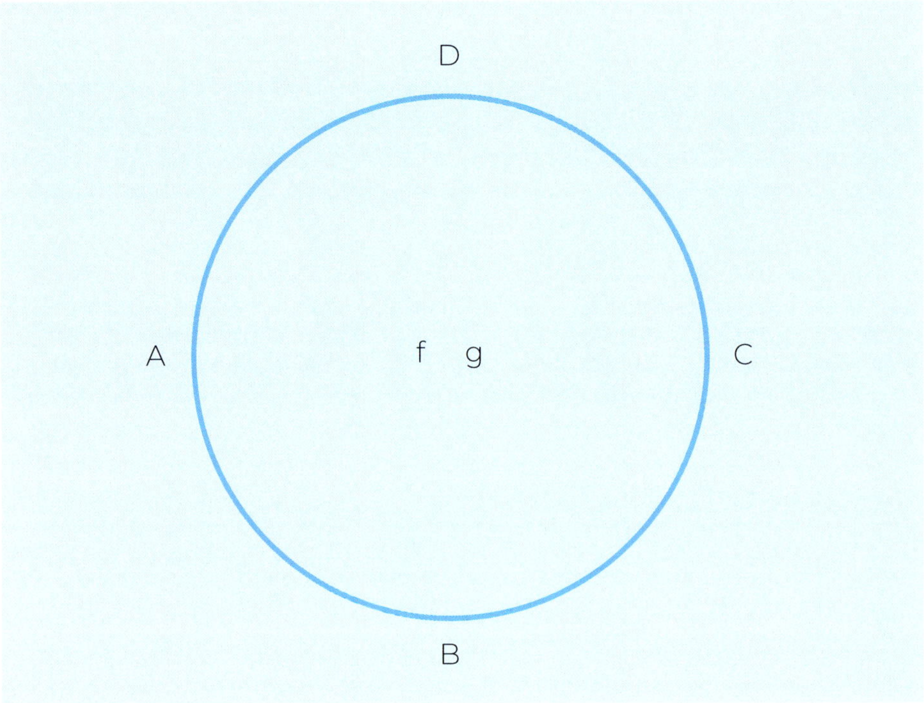


! Indem ich verstehe, ohne einverstanden zu sein, erhöhe ich meine Präsenz und damit die Wirkung auf andere.

Vier Personen sitzen an einem Tisch. In der Mitte des Tisches steht eine Flasche (f) und ein Glas (g). Die Frage ist: Welche Person hat es am leichtesten, als Linkshänder einzuschenken?

..................................................

..................................................

..................................................

..................................................

**Lösung:**

A sagt zu C: „Die Flasche steht vor dem Glas.“. C widerspricht: „Die Flasche steht hinter dem Glas.“. B sagt zu D: „Die Flasche steht links vom Glas.“. D widerspricht: „Die Flasche steht rechts vom Glas.“

Wer von den Personen hat in diesem Beispiel recht?

Jeder. Entscheidend ist nicht, was jemand sieht, sondern von wo er auf etwas blickt. Jeder Mensch hat eine individuelle Sichtweise, die von der eigenen Position geprägt ist. Das ist der Punkt: Viele tauschen sich darüber aus, was sie sehen. Nicht darüber, welches die stärkste Perspektive ist.

Was wir für das Ganze halten, ist nur ein Teil, der von uns und unserer Wahrnehmung geprägt ist. Die stärkste Perspektive in dieser Situation ist die von B. Für Person B ist es am einfachsten, als Linkshänder einzuschenken.



**Übung**
Beobachten Sie sich in der kommenden Woche einmal in Gesprächssituationen. Schalten Sie ab, wenn Sie mit dem Gesagten nicht einverstanden sind? Worin ist Ihr Verhalten begründet? Wie können Sie Ihre Abwesenheit in Zukunft vermeiden?

Wenn Sie solch eine Situation erleben, holen Sie sich ins Gespräch zurück und versuchen Sie die Sichtweise der anderen zu verstehen.

..............................................................................................................

..............................................................................................................

..............................................................................................................

..............................................................................................................

**Lektion 3: Bestätigung I Wachstum**

Wie entsteht eine ernsthafte Bereitschaft, sich wirklich entwickeln zu wollen?

**Selbsttest**

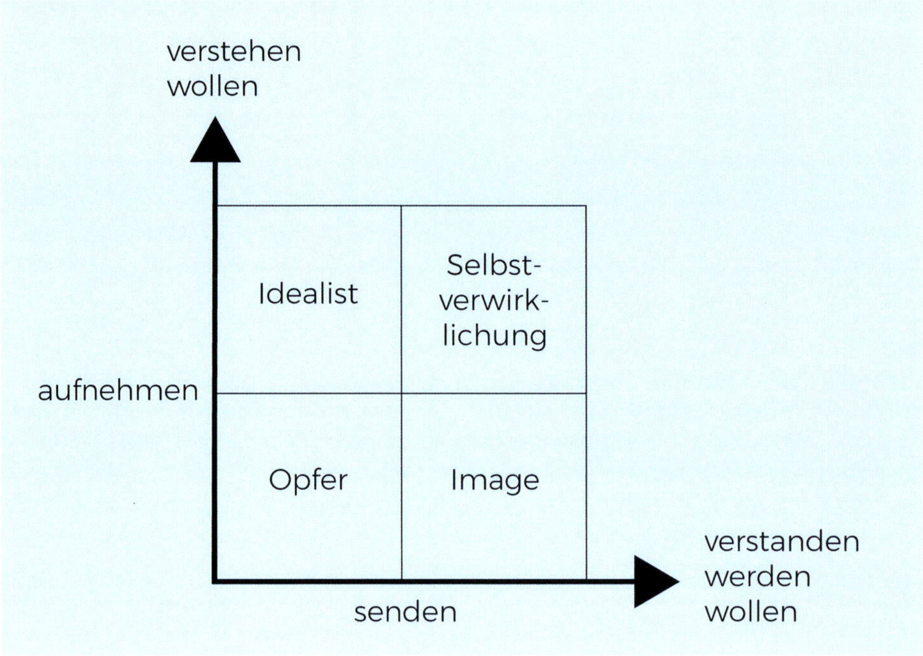


! Ich werde mir immer bewusster, wann das Streben nach Bestätigung oder Wachstum mehr Sinn ergibt.

Ordnen Sie sich innerhalb des Quadrates in einer der Sektionen ein, in der Sie sich selbst am ehesten sehen.

**Übung**
Reflektieren Sie sich in Bezug auf die Kommunikation mit anderen:

1. Sind Sie eher der oder die **Zuhörende**? Dann erinnern Sie sich einmal an eine Situation, in der Sie eher nicht zu Wort gekommen sind, obwohl Sie es gewollt hätten. Was hat dazu geführt, dass Sie in der „Zuhörer"-Perspektive verharrten und Sie sich kein Gehör verschaffen konnten? Und wie können Sie das ändern?

   ..............................................................................

   ..............................................................................

 

.............................................................................................................................................

.............................................................................................................................................

2. Sind Sie eher der **Redende**? Dann erinnern Sie sich einmal an eine Situation, in welcher Sie Ihr Gegenüber kaum gehört haben. Es ist schwierig und tut weh, sich dies vor Augen zu führen: Aber wie viel haben Sie aus Ihren letzten Gesprächen über Ihr Gegenüber mitgenommen? Können Sie sich daran erinnern?

.............................................................................................................................................

.............................................................................................................................................

.............................................................................................................................................

.............................................................................................................................................

3. Haben Sie wenig Interesse daran, andere zu verstehen, wollen aber auch eigentlich nicht von anderen verstanden werden? Überlegen Sie, wie Sie an den Punkt von **Desinteresse** gekommen sind. Es ist schwierig, sich eine solche Position einzugestehen. Vielleicht fühlen Sie sich in Ihrer Position aber auch unwohl. Werden Sie sich klar darüber, wie Sie sich beiden Punkten nähern und Interesse für Ihr eigenes sowie das Wachstum anderer entwickeln können.

.............................................................................................................................................

.............................................................................................................................................

.............................................................................................................................................

.............................................................................................................................................

Grundlagen

### Lektion 4: Kennen I Können

Welche mentale Haltung sorgt für eine konsequentere Umsetzung von Inhalten?

### Selbsttest

Kennen Sie es nur oder können Sie es wirklich? Überlegen Sie sich fünf Kompetenzen für beide Bereiche. Welche Dinge „kennen" Sie, aber haben Sie bisher nicht oder kaum in die Praxis umsetzen können? Auf der anderen Seite: Welche fünf Dinge „können" Sie tatsächlich.

| **Kennen:** | **Können:** |
|---|---|
| 1. | 1. |
| 2. | 2. |
| 3. | 3. |
| 4. | 4. |
| 5. | 5. |

**Übung**

Haben Sie schon einmal festgestellt, dass Sie in einem Bereich viel mehr theoretisches als praktisches Wissen besitzen? Die Selbsteinschätzung sollte Ihnen dabei helfen.

1. Überlegen Sie sich zu den Dingen, die Sie können, wie der Weg dorthin war. Wie haben Sie Ihre Kompetenz im Können erreicht?

   ..............................................................................

   ..............................................................................

   ..............................................................................

   ..............................................................................

2. Was möchten Sie können? Überlegen Sie sich zu den Dingen, die sie kennen, welche Sie davon wie auf die Stufe des Könnens heben möchten. Orientieren Sie sich dabei an Ihrer Antwort aus Aufgabe a). Was benötigen Sie, um Ihr Ziel zu erreichen?

   ..............................................................................

   ..............................................................................

   ..............................................................................

   ..............................................................................

Wenn ich etwas kenne, dann rede ich darüber. Wenn ich etwas kann, dann liefere ich es.

## Lektion 5: Beeinflussung I Manipulation

Wie sorgen wir für eine Kultur, in der jeder der beste Mensch wird, der er sein kann?

**Selbsttest**

Lesen Sie die folgenden Aussagen aufmerksam durch. Hinterfragen Sie sich selbst ehrlich und kreuzen Sie nur die zutreffenden Aussagen an.

! Wenn ich manipuliere, verschleiere ich meine wahren Motive und setze mich auf Kosten anderer durch. Wenn ich beeinflusse, mache ich meine wahren Motive transparent und diene der Entwicklung aller.

- ☐ Ich habe gerne die Kontrolle über das, was um mich herum geschieht.
- ☐ Ich stelle die Kompetenzen anderer manchmal infrage, auch wenn ich keinen Anhaltspunkt habe.
- ☐ Andere sollen mich als bedeutend wahrnehmen.
- ☐ Ich werde ungeduldig, wenn andere nicht schnell auf mein Anliegen reagieren. Wenn ich selbst nicht sofort reagiere, hat das gute Gründe.
- ☐ Ich versuche, so viel wie möglich über die Menschen um mich herum zu erfahren, ohne zu viel über mich preiszugeben.
- ☐ Ich mache Menschen Komplimente ohne Grundlage.
- ☐ Tue Gutes und sprich viel darüber!
- ☐ Anderen Kolleginnen und Kollegen erzähle ich von meinen Diskrepanzen mit anderen. Eine Konfrontation mit dem Betroffenen halte ich nicht für notwendig.
- ☐ Wenn andere von mir enttäuscht sind, ist das nicht meine Schuld.
- ☐ Um meine Interessen zu verfolgen, habe ich schon einmal gelogen. Kleine Lügen schaden nicht.
- ☐ Wenn andere schlechter sind als ich, ist das gut, denn dann falle ich nicht negativ auf.
- ☐ Ich fühle mich durch die Fähigkeiten anderer manchmal bedroht.
- ☐ Manchmal habe ich Angst, abgehängt zu werden.

 

Wie viele Kreuze haben Sie gemacht?

Jede Aussage beschreibt eine manipulative Haltung. Je mehr Aussagen auf Sie zutreffen, desto mehr neigen Sie dazu, andere zu manipulieren, statt sie zu beeinflussen.

**Übung**
Auch wenn Sie nur wenigen Aussagen zustimmen konnten, so haben Sie vermutlich schon einmal bewusst oder unbewusst jemanden in Ihrem Leben manipuliert. Reflektieren Sie in den kommenden Tagen doch einmal, in welcher Situation Sie sich dabei ertappen.

1. Wieso haben Sie manipulativ gehandelt?

   ..................................................

   ..................................................

   ..................................................

   ..................................................

2. Wie gelingt es Ihnen, in sich selbst den Faktor zu ändern, der Sie dazu verleitet hat? Wie schaffen Sie es, Manipulation in Beeinflussung zu transformieren?

   ..................................................

   ..................................................

   ..................................................

   ..................................................

### Lektion 6: Nähe I Distanz

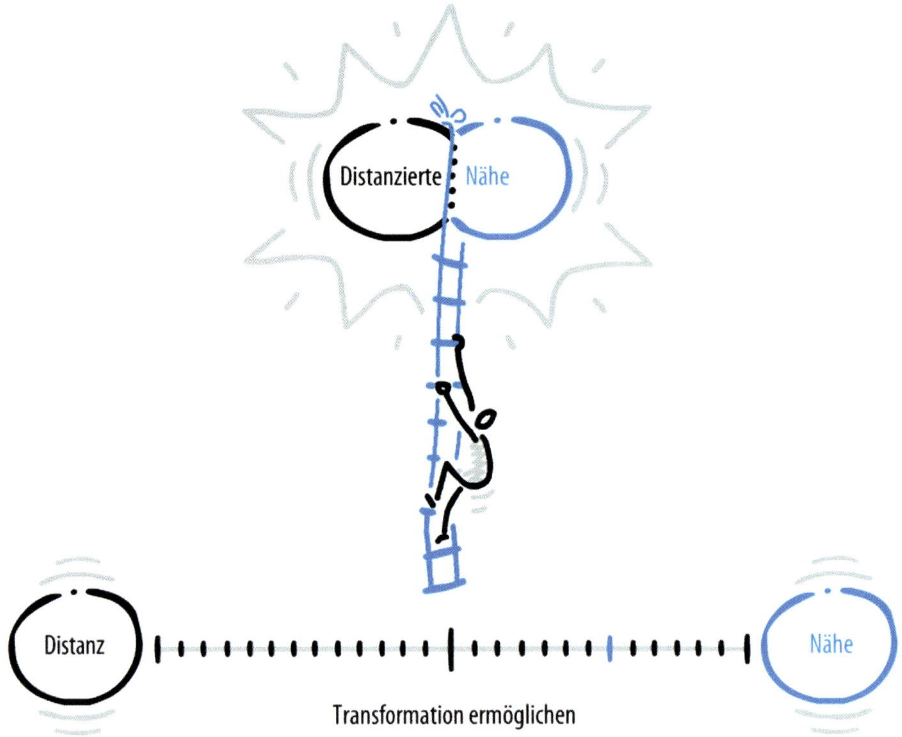


Wie entwickeln sich durch menschliche Nähe und menschliche Distanz Menschen optimal?

### Selbsttest

Halten Sie die Balance? Kreuzen Sie alle auf Sie zutreffenden Aussagen in der Tabelle an. Danach ermitteln Sie Ihren derzeitigen Schwerpunkt: Treffen mehr Aussagen aus dem Bereich Nähe oder mehr Aussagen aus dem Bereich Distanz auf Sie zu?

| Nähe | Distanz |
|---|---|
| Ich finde wichtig, dass ich mit den Mitarbeitenden auch mal einen Kaffee oder ein Feierabendbier trinken kann. | Privates und Berufliches sollten klar getrennt bleiben. |

| | |
|---|---|
| Man sollte sich im Betrieb mit den Mitarbeitenden sympathisch sein – ein freundschaftliches Verhältnis wäre wünschenswert. | Man sollte vor allem auf der Kompetenz-Ebene miteinander harmonieren. |
| Ich helfe meinen Mitarbeitenden gerne, auch bei privaten Problemen. | Privates gehört nicht an den Arbeitsplatz. |
| Mir ist wichtig, dass ich unter den Mitarbeitenden beliebt bin. | Die Mitarbeitenden müssen mich nicht mögen, sondern ihre Arbeit ausführen. |
| Mir ist wichtig, dass möglichst alle Spaß bei ihrer Arbeit haben. | Spaß bei der Arbeit empfinde ich nicht als wichtig. |
| Meine Mitarbeitenden nehmen meine Kompetenz nicht war. | Meine Mitarbeitenden sind mir gegenüber sehr distanziert. |
| Es ist in Ordnung, wenn Mitarbeitende mir Persönliches anvertrauen. | Mitarbeitende sollten Persönliches nicht bei ihrem Vorgesetzten abladen. |
| **Summe:** | **Summe:** |

**!** Ich führe mit distanzierter Nähe. Wie bei Stachelschweinen: So nah, dass wir uns gegenseitig wärmen. So distanziert, dass wir uns nicht verletzen.

Grundlagen

Befinden Sie Sich im Gleichgewicht zwischen Nähe und Distanz oder tendieren Sie eher zu einer Seite?

............................................................

............................................................

**Übung**
Ziel der Übung soll es sein, dass Sie selbstständig erkennen: Was zieht Sie in Disbalance? Auf welcher Seite müssen Sie an sich arbeiten? Welche Aspekte müssen Sie transformieren?

............................................................

............................................................

............................................................

............................................................

Grundlagen

## Lektion 7: Verbindend I Trennend

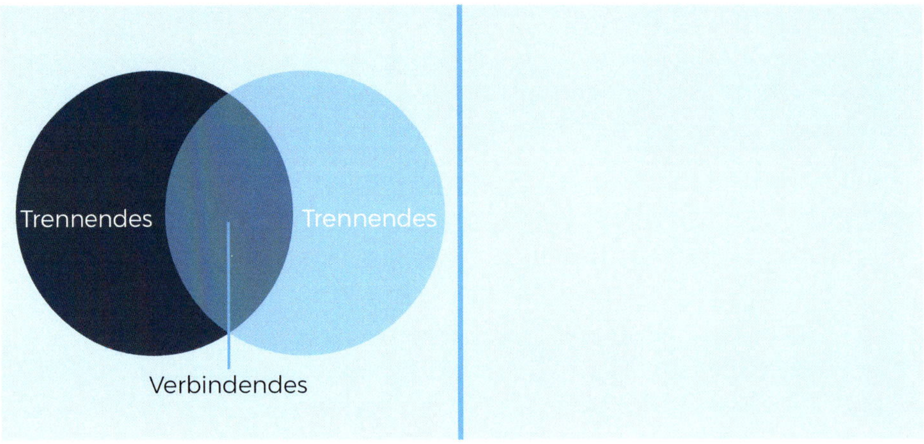


Wie werde ich mir der verbindenden und trennenden Kräfte in Beziehungen bewusst und führe sie klug?

### Selbsttest

Im Job erfahren Sie auch als Führungskraft Momente, in denen Sie sich dem Unternehmen eher verbunden fühlen oder davon distanziert. Sie können sich die Aspekte wie eine Positiv-Negativ-Liste vorstellen. Daher schreiben Sie in diesem Schritt zunächst auf, was Sie zu Ihrem Unternehmen hinzieht und was Sie als trennend empfinden.

Ich bin mir der verbindenden und trennenden Kräfte bei Beziehungen stets bewusst. Ich konzentriere mich auf das Verbindende. Dadurch steuere ich meine Wahrnehmung professionell.

| Verbindend: | Trennend: |
|---|---|
| 1. | 1. |
| 2. | 2. |
| 3. | 3. |
| 4. | 4. |
| 5. | 5. |
| 6. | 6. |
| 7. | 7. |
| 8. | 8. |
| 9. | 9. |
| 10. | 10. |

**Übung**

Überlegen Sie nun: Wann haben verbindende Aspekte trennende schon einmal in den Hintergrund gestellt – oder andersherum? Wie haben Sie reagiert? Was können Sie tun, um ein Gleichgewicht zu finden?

..................................................................................................................................................

..................................................................................................................................................

..................................................................................................................................................

..................................................................................................................................................

Grundlagen

## Lektion 8: Die drei Säulen moderner Führung

Wie führe ich mich selbst? Wie lasse ich mich führen? Wie führe ich andere?

**Selbsttest**

Die Checkliste dient einer reinen Übersicht für Sie selbst. Welche Aussagen aus den drei Säulen treffen auf Sie zu? Bei welcher Säule haben Sie mehr Übereinstimmungen und wo haben Sie weniger Übereinstimmungen?

! Ich führe andere, indem ich mich selbst führe und verändere. Dort, wo es Sinn ergibt, kann ich mich problemlos führen lassen.

| Wie führe ich mich selbst? | Wie lasse ich mich führen? | Wie führe ich andere? |
|---|---|---|
| Ich setze mir regelmäßig höhere Ziele. | Mir fällt es leicht, mich zurückzunehmen. | Mir fällt es nicht schwer, mich selbst zu führen. |
| Mir ist es wichtig, zu wachsen. | Ich bin in der Lage, Informationen und Ideen auch von anderen anzunehmen. | Ich bin in der Lage, andere zu führen. |
| Ich bin bereit, viel zu investieren (Energie, Arbeitsaufwand usw.), um Erfolge zu erzielen. | Es fällt mir nicht schwer, anderen die Zügel zu überlassen. | Mir ist wichtig, dass andere Sinn in ihren Aufgaben erfahren. |
| Wenn ein Ziel unerreichbar scheint, finde ich einen Weg. | Wenn mein Thema sich nicht durchsetzt, kann ich das annehmen und mich den anderen anschließen. | Andere sollen wissen, auf welchen Prinzipien mein Führungssystem basiert. |
| Ich gebe selten auf. | Wenn ich merke, dass ich eine Situation nicht beeinflussen kann, dann kann ich das akzeptieren. | Menschen müssen ständig gefördert werden. |

| | | |
|---|---|---|
| Ich ziele gern auf Ergebnisse ab, von denen ich zunächst nicht weiß, wie ich sie erreichen werde. | Mir ist Bestätigung weniger wichtig. | Meine Mitarbeitenden sollen Orientierung haben. |
| Ich will die Dinge nicht nur kennen, sondern auch können. | Mir ist Wachstum weniger wichtig. | Auch Mitarbeitende müssen Verantwortung bekommen, um gute Ergebnisse zu liefern. |

**Übung**

Für diese Übung benötigen Sie die Ergebnisse aus der Checkliste.

1. Im ersten Schritt schauen Sie sich das Ergebnis genau an. Wo liegen Ihre Stärken, wo Ihre Schwächen?

2. In der Lektion wurde Ihnen gezeigt, welche Mechanismen wichtig sind, um die drei Säulen der Führung weiterzuentwickeln, damit Sie künftig besser führen können. Versuchen Sie nun zu überlegen: Woher kommen Ihre Schwachstellen?

   *Zum Beispiel: Wieso legen Sie viel Wert auf Bestätigung, können schwer die Kontrolle abgeben oder schrecken davor zurück, sich höhere Ziele zu setzen? Dafür ist es wichtig, dass Sie tief in sich selbst hineinschauen.*

   ..........................................................................................

   ..........................................................................................

   ..........................................................................................

   ..........................................................................................

3. Wie können Sie Ihre Schwachstellen überwinden? Im nächsten Schritt transformieren Sie Ihre persönlichen Schwachstellen zu Stärken, indem Sie nach und nach versuchen, diese zu korrigieren. Machen Sie sich einen Plan und gehen Sie schrittweise vor.

   ..........................................................................................

   ..........................................................................................

   ..........................................................................................

   ..........................................................................................

### Lektion 9: Aufnahmebereitschaft I Aufnahmeberechtigung

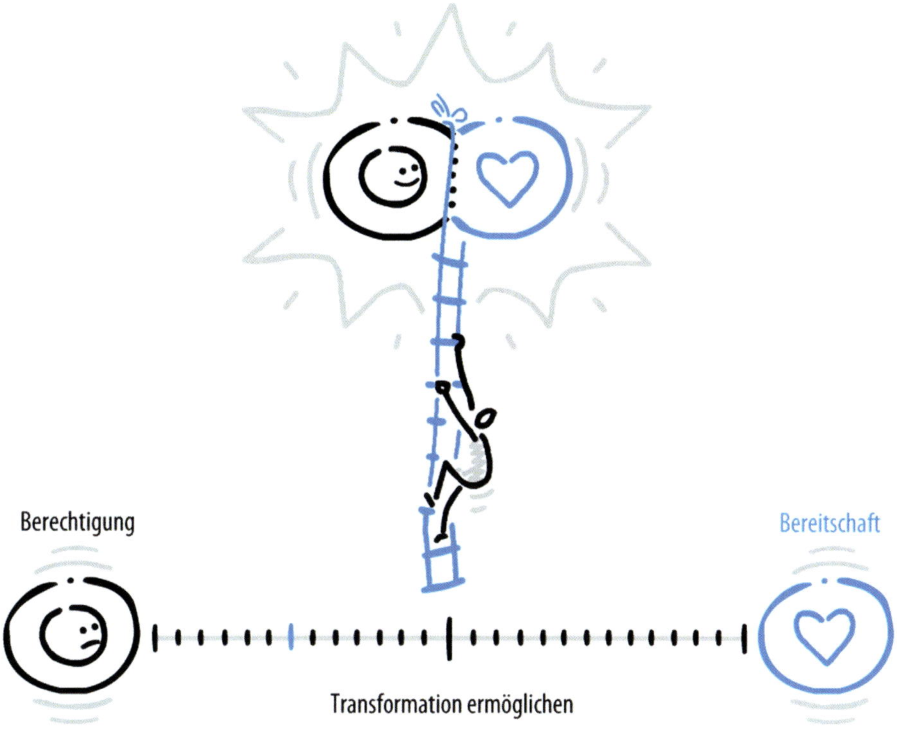


Wie erreiche ich den Kopf und das Herz von Menschen?

### Selbsttest

Wie viele Aspekte aus der Checkliste können Sie mit Zustimmung ankreuzen?

- ☐ Meine Mitarbeitenden sollten meine Anweisungen aus Respekt vor meiner Position befolgen.
- ☐ Die Sympathie der Mitarbeitenden empfinde ich als weniger wichtig.
- ☐ Mein Feedback wird oft persönlich aufgenommen.
- ☐ Trotz meiner Kompetenz werden Verbesserungsvorschläge meinerseits nicht gern oder nur langsam umgesetzt.
- ☐ Ich habe das Gefühl, ich erreiche meine Mitarbeitenden nicht.
- ☐ Ich fühle mich trotz meiner Führungsposition manchmal oder häufig übergangen.

- ☐ Das „Was" und „Wie" meiner Anweisungen stimmt mit den Ergebnissen meiner Mitarbeitenden manchmal oder häufig nicht überein.
- ☐ Ich denke, dass Druck die Ergebnisleistung meiner Mitarbeitenden erhöhen kann.

Anhand der Vielzahl Ihrer Zustimmungen können Sie selbst erkennen, ob Sie in Ihrer Position zu einem hierarchischen Verhalten tendieren. Zudem können Sie an der Menge Ihrer Zustimmungen auch erkennen, ob Sie Ihre Mitarbeitenden erreichen – diese Ihnen also die Aufnahmeberechtigung geben.

!

Aufnahmeberechtigung entsteht durch anerkannte Kompetenz oder Hierarchie, Aufnahmebereitschaft durch Sympathie. Beides ist wichtig.

**Übung**

In der folgenden Übung soll es darum gehen, dass Sie erkennen, was Sie an Ihrer Kommunikation verbesseren können und wie Sie neben der Aufnahmeberechtigung auch die Aufnahmebereitschaft Ihrer Mitarbeitenden erhalten.

1. Überlegen Sie einmal: Wann kam es bei Ihnen zuletzt zu einer Situation, in der Kommunikation fehlgeschlagen ist? Es ist wichtig, dass Sie ehrlich überlegen, was dabei in Ihrer Verantwortung lag und Ihr Anteil an dem Dilemma war.

   ...........................................................................................................

   ...........................................................................................................

   ...........................................................................................................

   ...........................................................................................................

2. Wie können Sie in Zukunft kommunizieren, damit deutlich wird, dass Sie eine Aufnahmeberechtigung besitzen und Ihr Gegenüber Ihnen gleichzeitig seine oder ihre Aufnahmebereitschaft zugesteht? Wie können Sie ihr oder ihm neben dem „Wie" und „Was" auch das „Warum" näherbringen, damit er oder sie Sinnhaftigkeit erfährt?

   ...........................................................................................................

   ...........................................................................................................

   ...........................................................................................................

   ...........................................................................................................

Die richtige Kommunikation ist der Schlüssel zur erfolgreichen Führung, erleichtert die Führung Ihrer Mitarbeitenden durch ein höheres Identifikationsvermögen und sorgt im Umkehrschluss für bessere Ergebnisse.

Grundlagen

**Lektion 10: Einflussbereich I Interessensbereich**

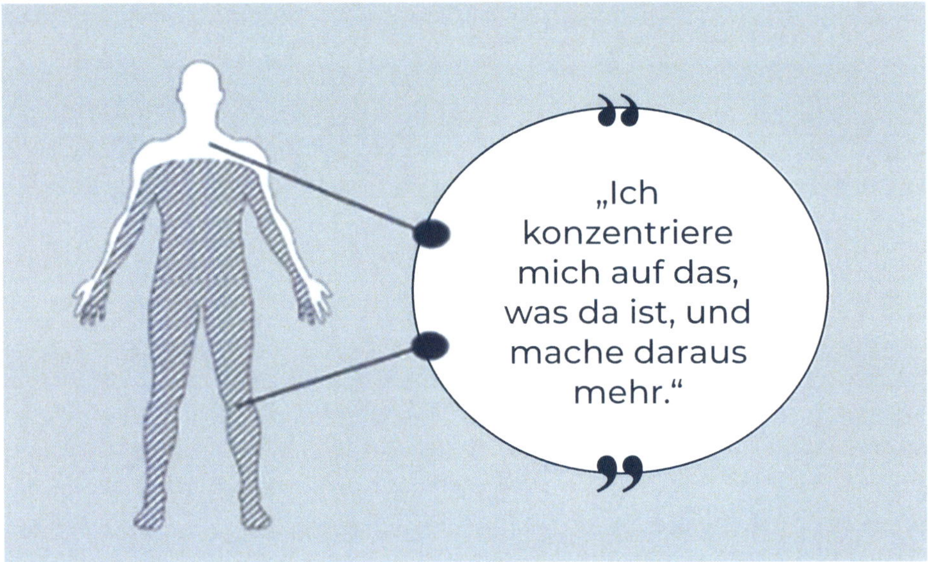


Beispiel Boris Grundl ■ 90% gelähmt
□ 10% Nicht gelähmt

Wie kann ich den Leistungsdruck von außen und den Wunsch nach weniger Stress unter einen Hut bringen?

**Selbsttest**

Neigen Sie zur Emotionalisierung von Dingen, die Sie nicht ändern können?

Kreuzen Sie in der Checkliste die zutreffenden Aussagen an:

- ☐ Ich bin frustriert, wenn ich Dinge nicht beeinflussen kann.
- ☐ Dinge zu akzeptieren, fällt mir schwer.
- ☐ Wenn Dinge anders laufen als geplant, neige ich zu Resignation.
- ☐ Über Probleme bei der Arbeit grübele ich auch zu Hause noch intensiv nach.
- ☐ Ich neige dazu, akute Probleme in kurzer Zeit mehr als zwei Personen zu erzählen.
- ☐ Ungeplante Ereignisse machen mich nervös.

- ☐ Wenn ein Termin platzt, habe ich das Gefühl, dass meine ganze Organisation durcheinanderkommt.
- ☐ Wenn andere Fehler machen, fällt es mir schwer, gelassen zu bleiben.

Je mehr Aspekte auf Sie zutreffen, desto schwerer fällt es Ihnen, Dinge zu akzeptieren, auf die Sie keinen Einfluss haben.

**!**

Wenn ich mich auf das konzentriere, was ich beeinflussen kann, wird daraus mehr. Wenn ich mich auf das konzentriere, was ich nicht beeinflussen kann, werde ich frustriert und beschwere mich.

**Übung**

Starke Emotionen im Interessenbereich kosten Kraft, vor allem wenn wir keinen Einfluss auf diese Dinge haben. In dieser Übung erstellen Sie selbst eine Liste: Wo befinden Sie sich immer mal wieder im Interessenbereich und wo können Sie Ihren Einflussbereich erweitern?

1. Welche Interessenbereiche haben Sie?

   ..........

   ..........

   ..........

   ..........

   ..........

2. Auf welche davon haben Sie Einfluss – auf welche nicht?

.....................................................................................................................

.....................................................................................................................

.....................................................................................................................

.....................................................................................................................

.....................................................................................................................

3. „Gib mir die Gelassenheit, das hinzunehmen, was ich nicht ändern kann" – Gelassenheit kann man da, wo es notwendig ist, lernen. Aspekte, die sich Ihrem Einflussbereich vollständig entziehen, müssen Sie loslassen. Dazu müssen Sie tief verinnerlichen, dass es Sie Zeit und Kraft kostet, an diesen Dingen festzuhalten, und Sie blockiert. Wie können Sie loslassen?

.....................................................................................................................

.....................................................................................................................

.....................................................................................................................

.....................................................................................................................

.....................................................................................................................

## Lektion 11: Inspiration I Frustration

Wie mache ich mir den Vergleich mit anderen bewusst und nutze ihn klug?

### Selbsttest

Jeder Mensch vergleicht sich tagtäglich. Was machen die alltäglichen Vergleiche mit Ihnen? Testen Sie sich anhand der Checkliste.

- ☐ Ich fühle mich schlecht, wenn meine Kollegin oder mein Kollege befördert wird, obwohl ich länger im Unternehmen bin als sie beziehungsweise als er.
- ☐ Wenn jemand mehr Anerkennung erhält als ich, bekomme ich ein schlechtes Gefühl.
- ☐ Ich fühle mich abgehängt, wenn jemand eine herausragende Leistung erbringt.
- ☐ Ich habe mich schon einmal dabei ertappt, dass ich jemandem seinen Erfolg oder sein Glück nicht gegönnt habe.
- ☐ Ich habe mir schon einmal gewünscht, dass eine andere Person scheitert.

! Ich werde mir immer bewusster, wie sehr ich mich vergleiche. Vergleiche ich mich klug, werde ich inspiriert, vergleiche ich mich dumm, werde ich frustriert.

Grundlagen

- ☐ Wenn mich jemand übertrumpft, neige ich dazu, zu resignieren.
- ☐ Ich habe schon einmal eine Oberflächlichkeit dafür angegeben, dass ich etwas nicht kann (z.B. Aussehen, nicht intelligent genug sein, kein „Talent" für eine Sache, Zeitmangel, Umstände, ...).
- ☐ Wenn eine Situation entsteht, in der jemand anders meine Aufgaben übernehmen muss, befürchte ich, ersetzt zu werden.
- ☐ Wenn jemand sich etwas schneller aneignen kann als ich, fühle ich mich demotiviert.



**Übung**
Was müssen Sie ändern, damit frustrierende Situationen zur Inspiration werden?

Die folgende Übung soll Ihnen helfen, sich bewusst zu machen, wie Frustration zu Inspiration wird. In der Tabelle halten Sie vier Aspekte fest, die Sie frustrieren oder demotivieren, die Sie ehrlicherweise vielleicht neidisch werden lassen oder sogar an Ihrem Selbstwert kratzen. Sie halten fest, warum Sie dieser Aspekt innerlich so trifft. Durch kluge Reflexion gelangen Sie zur Inspiration. Im letzten Schritt überlegen Sie, wie Sie Ihre Frustration transformieren können. In der Praxis nehmen Sie sich in Ihrem Alltag einen Punkt nach dem anderen vor – bis Sie der Beste sind, der Sie sein können.

| Wann sind Sie frustriert? | Warum sind Sie frustriert? | Wie wird Frustration zu Inspiration? |
|---|---|---|
| | | |
| | | |
| | | |
| | | |

*Vertiefen Sie dieses Modul in unserer Online-Lernwelt.*

www.grundl-institut.de/kern-unterscheidungen

## Führungspersönlichkeit der Zukunft:
## Wie erkenne & überwinde ich meine unbewussten Widerstände als Führungskraft?

- Lektion 1: Das Bild der idealen Führungskraft ☐
- Lektion 2: Führung ist eine angeborene Fähigkeit ☐
- Lektion 3: Alle müssen sich gut fühlen ☐
- Lektion 4: Über Nähe zur Leistung ☐
- Lektion 5: Einfluss nur über Hierarchie ☐
- Lektion 6: Sie müssen sich unersetzbar machen ☐
- Lektion 7: Sie müssen Ihre Mitarbeitenden motivieren ☐
- Lektion 8: Für alles verantwortlich sein ☐
- Lektion 9: Alle müssen gleich geführt werden ☐
- Lektion 10: Wer viel zu tun hat, ist erfolgreich ☐

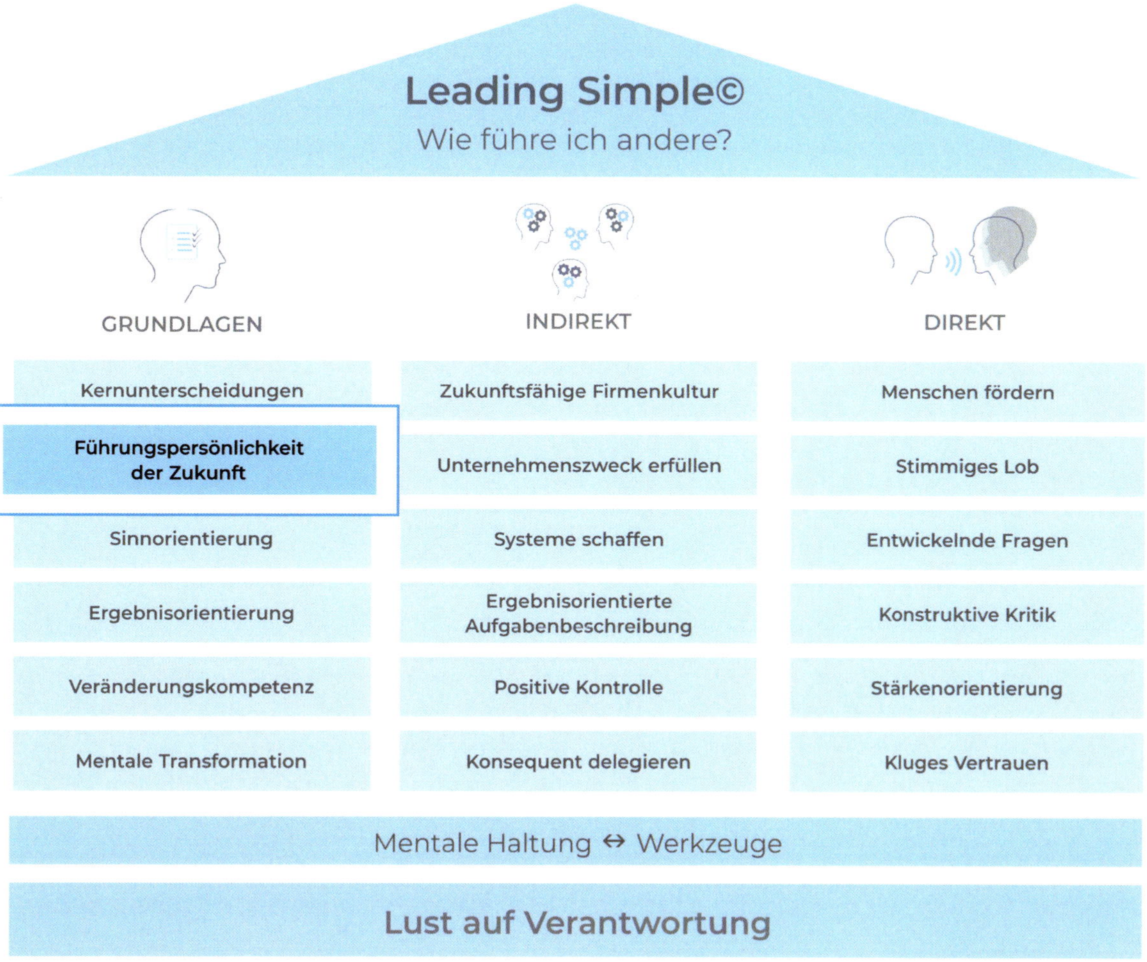

Grundlagen

# Modul: So sieht die Führungspersönlichkeit der Zukunft aus

Ein Leader ist sich bewusst: Durchschnittliches Denken führt zu durchschnittlichen Ergebnissen. Indem er diese 10 Denkfallen immer wieder erkennt und transformiert, erhöht er seine Wirkung auf sich und damit auf andere permanent.

**Lektion 1: Mythos „Das Bild der idealen Führungskraft"**

! Ich stehe zu meinen Stärken und Schwächen. Ich entwickle mich konsequent weiter. Für meine Stärken werde ich respektiert. Für meine Schwächen werde ich geliebt.

**Selbsttest**

1. Erkennen Sie Ihren eigenen Perfektionismus und Idealismus. Benennen Sie dafür drei Eigenschaften an sich selbst, in denen Sie durch Perfektionismus oder Idealismus in Ihrem Wirken limitiert sind, sowie zwei, bei denen Sie glauben, dass Sie es nicht sind. Wenn Sie unschlüssig sind, bitten Sie Menschen aus Ihrem beruflichen und privaten Umfeld um ihre Einschätzung.

2. Im zweiten Schritt zeichnen Sie die Einordnung der jeweiligen Eigenschaften ein. Bewerten Sie die von Ihnen genannten Aspekte eher realistisch (R) oder eher idealistisch (I)? Die Einordnung dient der konkreten Visualisierung.

3. Wie können Sie die von Ihnen als idealistisch bewerteten Aspekte überwinden und transformieren, sodass diese Sie in Ihrem Wirken künftig nicht mehr limitieren? Überlegen Sie konkret, welche Maßnahmen Sie ergreifen können.

| 1. Erkennen | 2. Anerkennen | 3. Transformieren |
| --- | --- | --- |
| 1. ________ | | ________ |
| 2. ________ | | ________ |
| 3. ________ | | ________ |
| 4. ________ | | ________ |
| 5. ________ | | ________ |

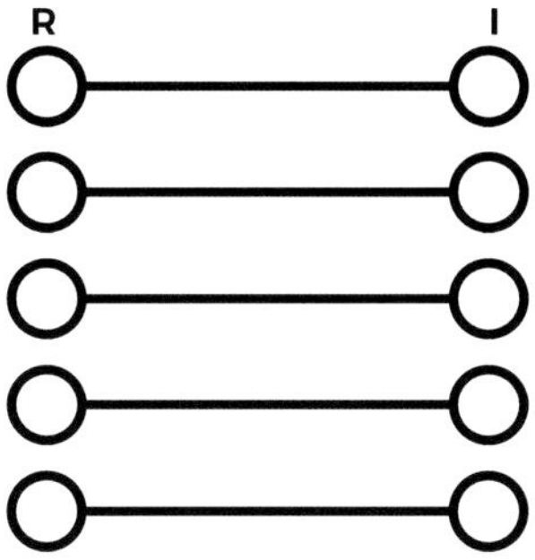


**Übung**

Werden Sie Herr über Ihren Perfektionismus.

1. Überlegen Sie: Können Sie sich an eine Situation erinnern, in der Ihnen Ihr persönlicher Perfektionismus im Weg stand?

.................................................................................

.................................................................................

.................................................................................

.................................................................................

.................................................................................

2. Inwiefern war Ihr persönlicher Perfektionismus oder Idealismus in dieser Situation ein Bremsklotz für Sie? Falls Ihnen keine Situation einfällt, achten Sie in der kommenden Woche darauf. Sie werden sicher eine finden.

.......................................................................................................

.......................................................................................................

.......................................................................................................

.......................................................................................................

.......................................................................................................

3. Was würden Sie künftig anders machen, damit Ihr Perfektionismus Ihre persönliche Entwicklung nicht mehr behindert?

.......................................................................................................

.......................................................................................................

.......................................................................................................

.......................................................................................................

.......................................................................................................

## Lektion 2: Mythos „Führung ist eine angeborene Fähigkeit"

### Selbsttest

1. Schätzen Sie sich selbst ein. Beantworten Sie dazu die zutreffenden Aussagen mit „Ja" und die unzutreffenden Aussagen mit „Nein".

| | | |
|---|---|---|
| Erkennen Sie, welche Talente zu welchen Stärken und zu welchen Ergebnissen führen? | Ja | Nein |
| Erkennen Sie, welche Stärken Sie besitzen, und bauen Sie diese aus? | Ja | Nein |

2. Benennen Sie eine Stärke, die Sie erfolgreich ausführen (Können). Erinnern Sie sich daran, wie Sie diese zuletzt erfolgreich umgesetzt haben. Ordnen Sie die Stärke nun auf einer Skala von 1 bis 10 danach ein, wie viel Willenskraft Sie brauchten beziehungsweise wie viel Talent dahintersteckte.

**Stärke:**.................................................. **Wille (1-10):**.............. **Talent (1-10):**..........

3. Benennen Sie jetzt eine Fähigkeit, die Sie nicht haben, aber gerne können würden, oder lediglich ein bisschen können, aber gerne verbessern würden. Ordnen Sie auf einer Skala von 1 bis 10, wie viel Talent dieser Fähigkeit zugrunde liegt. Ordnen Sie außerdem ein, wie viel Willen Sie bisher tatsächlich investiert haben, um diese Fähigkeit zu einer Stärke zu entwickeln.

**Fähigkeit:** ........................................... **Talent (1-10):** ........ **Wille (1-10):** ...........

!

Ich entwickle meine Freude am Wachstum anderer. Meine Talente transformiere ich zu Stärken und diese setze ich dafür ein.

**Übung**

1. Seien Sie ehrlich: Haben Sie bisher unbewusst Ausreden genutzt, um sich von der Eigenverantwortung bezüglich Ihrer Fähigkeiten loszulösen?

   ..................................................

   ..................................................

   ..................................................

   ..................................................

2. Welche Gründe könnte das haben?

   ..................................................

   ..................................................

   ..................................................

   ..................................................

3. Welche Fähigkeiten möchten Sie zu Stärken machen, weil sie Ihnen helfen, Ihre Ziele zu erreichen?

   ..................................................

   ..................................................

   ..................................................

   ..................................................

## Lektion 3: Mythos „Alle müssen sich gut fühlen."

### Selbsttest

Wie wichtig ist Ihnen Harmonie? Beantworten Sie die nachfolgende Checkliste ehrlich und erkennen Sie Ihr Harmoniebedürfnis. Kreuzen Sie Zutreffendes an.

- ☐ Ich projiziere negative Gefühle nicht nach außen, denn meine Mitmenschen sollen nicht mitbekommen, wenn es mir nicht gut geht.
- ☐ In einer Beziehung denke ich, dass mein Partner beziehungsweise meine Partnerin mich glücklich machen muss.
- ☐ Andere offen zu kritisieren, fällt mir schwer – auch wenn meine Kritik konstruktiv ist.
- ☐ Ich habe keine enge Beziehung zu mir selbst.
- ☐ Ich vermeide es, Probleme offen anzusprechen.
- ☐ Von negativen Ereignissen oder Aussagen fühle ich mich gestört.
- ☐ Mir ist es wichtig, was andere über mich denken.
- ☐ Alle im Team müssen sich gut fühlen.
- ☐ Die Bedürfnisse anderer sind mir wichtiger als meine eigenen.
- ☐ Enttäuschungen bringen mich aus der Bahn.

Wenn eine Mehrheit der Aussagen auf Sie zutrifft, befindet sich Ihr Harmoniebedürfnis vermutlich in einem Extrem, das Sie ausbremst.

!

Ich erkenne, wie groß mein Wunsch nach Harmonie ist und wann ich deswegen notwendige Auseinandersetzungen vermeide. Durch kluge Reibungen erschaffe ich zukünftig ein höheres Level an Harmonie.

**Übung**

Reflektieren Sie eine Situation, in der Ihr inneres Harmoniebedürfnis zuletzt ein Bremsklotz für Sie war.

1. Haben Sie dabei ein klärendes Gespräch oder die Ausübung von Kritik vermieden – aus Angst, jemand könnte sich verletzt fühlen?

.................................................................................................................................

.................................................................................................................................

.................................................................................................................................

.................................................................................................................................

.................................................................................................................................

2. Woher kam dieses Bedürfnis? Wie könnten Sie künftig anders reagieren und Situationen konfrontativ angehen?

.................................................................................................................................

.................................................................................................................................

.................................................................................................................................

.................................................................................................................................

.................................................................................................................................

## Lektion 4: Mythos „Über Nähe zur Leistung“

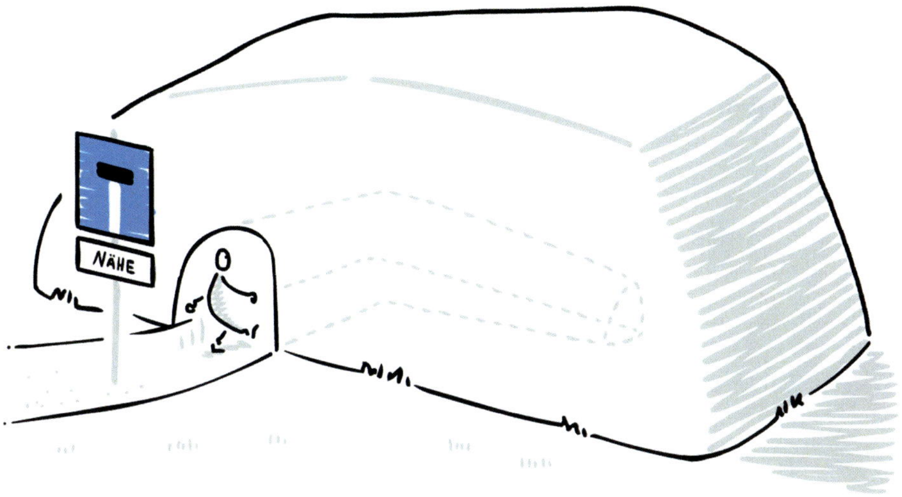


! Ich führe mit distanzierter Nähe. Wie bei Stachelschweinen: So nah, dass wir uns gegenseitig wärmen. So distanziert, dass wir uns nicht verletzen.

### Übung

Überlegen Sie im Folgenden, inwieweit Sie sich in den Aussagen wiederfinden können. Können Sie? Falls nicht, überlegen Sie, wie Sie die Diskrepanz von Nähe und Distanz überwinden und so transformieren können, dass Sie eine gesunde Balance schaffen.

1. Können Sie sich öffnen und Nähe zulassen, ohne sich darin zu verlieren? Sie genießen die Nähe zu anderen Menschen. Wird die Nähe ausgenutzt, wechseln Sie blitzschnell auf Distanz. Andere fühlen sich in Ihrer distanzierten Nähe wohl. Weil Sie diese „echte Stärke“ attraktiv macht.

   ............................................................

   ............................................................

   ............................................................

   ............................................................

2. Können Sie auf Distanz gehen, wenn es gefordert ist? Weil Sie sich in sich selbst sehr wohl fühlen. Sie brauchen keine Harmonie, weil Sie mit sich selbst im Reinen sind. Wird Ihre Distanz zu fordernd und kalt, wechseln Sie blitzschnell auf Nähe. Andere fühlen sich durch Ihre Distanz herausgefordert. Diese fordernde „echte Stärke" macht Sie attraktiv.

..........................................................................................

..........................................................................................

..........................................................................................

..........................................................................................

3. Wenden Sie das Prinzip „Nähe und Distanz" intuitiv an? Gewünschtes Verhalten wird durch Nähe bestätigt. Ungewünschtes Verhalten wird durch Distanz missbilligt und motiviert so zur Veränderung. Sie wissen, dass Menschen zu fördern nicht bedeutet, andere so zu behandeln, wie diese es gerne hätten oder wie Sie es selbst gerne hätten. Es bedeutet, andere so zu behandeln, dass diese sich entwickeln.

..........................................................................................

..........................................................................................

..........................................................................................

..........................................................................................

### Lektion 5: Mythos „Einfluss nur über Hierarchie"

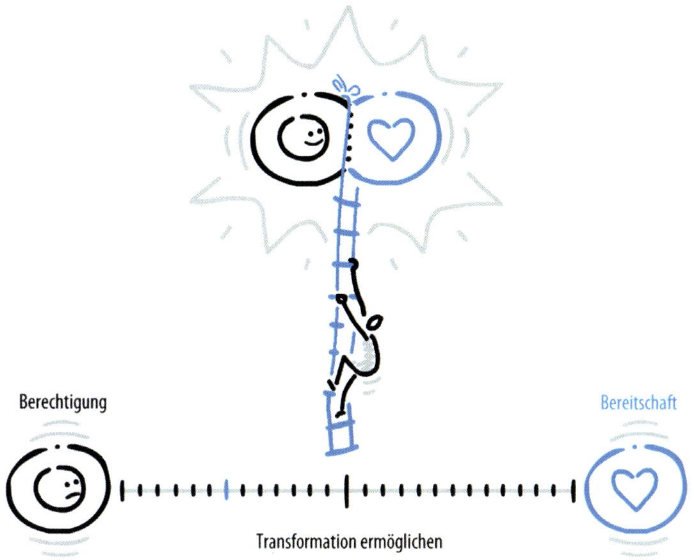


Berechtigung und Bereitschaft lassen sich vereinfacht mit Position (Berechtigung – *intellektuell*) und Person (Bereitschaft – *emotional*) erfassen. Hinter der Position steht – im besten Fall – *Kompetenz* und hinter der Person *Sympathie*. Jeder Mensch hat eine Sympathie- und eine Kompetenzseite – die eine stärker, die andere in der Regel etwas schwächer ausgeprägt.

**Aufnahmeberechtigung: Kompetenz (K)**
**Aufnahmebereitschaft: Sympathie (S)**

**Selbsttest**

Liegt aus Ihrer Sicht Ihr Sympathiewert höher oder Ihr Kompetenzwert? Zeichnen Sie Ihre Position gemäß Ihrer Selbsteinschätzung ein. Wie nah befinden Sie sich am Wirkungskreis?

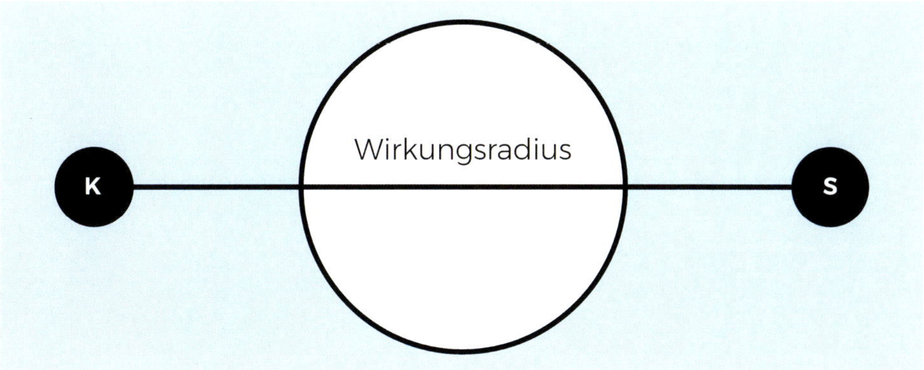


! Ich führe immer mehr über Kompetenz und Sympathie. Anstatt Gehorsamkeit (Hierarchie) entwickle ich Einsicht (Sinn).

Grundlagen

**Übung**

1. Erinnern Sie sich an eine Situation, in der Sie jemandem als Führungskraft eine Aufgabe übertragen haben.
   Wie wurde dies von Ihrem Gegenüber aufgenommen?
   - Hat die Person die Aufgabe gern erledigt?
   - Haben Sie gespürt, dass sich ein innerer Widerstand bemerkbar macht?

   ..............................

   ..............................

   ..............................

   ..............................

2. Denken Sie auch an eine Situation, in der Sie schon einmal auf Augenhöhe delegiert haben. Wie fühlte sich diese Situation an? Vergleichen Sie mit Aufgabe 1.

   ..............................

   ..............................

   ..............................

   ..............................

3. Seien Sie ehrlich: Haben Sie selbst schon einmal Orientierung in anderen gesucht? Denken Sie intensiv nach, wieso Sie dies vielleicht versucht haben. Wie, denken Sie, hätten Sie sich selbst oder sogar einander gegenseitig Orientierung geben können? Können Sie sich so in Zukunft Ihrem Wirkungsradius annähern beziehungsweise ihn vergrößern?

   ..............................

   ..............................

   ..............................

### Lektion 6: Mythos „Sie müssen sich unersetzbar machen“

### Selbsttest

Wo wir in unserem Leben bewusste oder unbewusste Ängste haben, machen wir andere Menschen abhängig von uns.

Wählen Sie eine bestimmte Situation aus Ihrem Berufsalltag, die Ihnen häufig begegnet, und beantworten Sie dazu die nachfolgenden Fragen. Kreuzen Sie dazu jeweils an, zu welchem Gegensatz Sie in dieser Situation tendieren.

| Menschenbild | |
|---|---|
| Befriedigen Sie primär eigene Motive? | Fördern Sie Potenziale in anderen? |

| Vorgehen | |
|---|---|
| Bringen Sie jemanden durch Druck dazu, etwas zu tun? | Überzeugen Sie jemanden, etwas zu tun? |

| Basis | |
|---|---|
| Verstecken Sie Ihre wahren Motive? | Handeln Sie offen und ehrlich? |

| Führt zu | |
|---|---|
| Wollen Sie andere schwach halten, um von ihnen nicht überholt zu werden? | Wollen Sie andere von sich selbst unabhängig machen? |

**!** Ich werde mir immer klarer, wann meine Ängste dafür sorgen, dass ich unersetzbar sein möchte. Ich mache meine wahren Motive immer transparenter und diene damit auch der Entwicklung anderer.

Grundlagen

Schauen Sie sich nun noch einmal an, für welche Seite Sie sich entschieden haben. Wo überwiegen Ihre Antworten?

**Erklärung zum Ergebnis:**

**Linke Spalte:** Sie drängen andere unbewusst in eine bestimmte Richtung (*Manipulation*).

**Rechte Spalte:** Sie vermitteln Ihre Information so, dass der andere versteht und selbstbestimmt entscheidet (*Beeinflussung*).



**Übung**
Beeinflussung oder Manipulation?
Testen Sie Ihre Moralkompetenz.

Stellen Sie sich vor, es gibt in einem Unternehmen einen Auszubildenden: Er versteht die ihm zugeteilten Aufgaben sehr gut und kann sie auch den Erwartungen entsprechend umsetzen. Jedoch fehlt ihm der Mut. Aus diesem Grund fragt er seinen Vorgesetzten regelmäßig um Rat. Als dieser einige Tage auf Dienstreise im Ausland ist, nutzt der Vorgesetzte im Vorfeld die Chance und teilt dem Auszubildenden eine neue Aufgabe zu.

Wie beurteilen Sie die Entscheidung?

- ☐ Richtig
- ☐ Falsch

**Ergebnis**

Beides kann zutreffen. Wichtig ist die Motivation, die hinter dem Verhalten des Vorgesetzten steht.

**Richtige Motivation:** Der Vorgesetze hat das Ziel, den Auszubildenden zu entwickeln und seine Potenziale zu fördern.

- ▶ Er handelt zum Nutzen des Auszubildenden (*Beeinflussung*).

**Falsche Motivation:** Den Vorgesetzen stört es, dass er durch den Auszubildenden häufig von seiner eigentlichen Arbeit abgelenkt wird.

- ▶ Er handelt zu seinem eigenen Nutzen (*Manipulation*).

### Lektion 7: Mythos „Sie müssen Ihre Mitarbeitenden motivieren“

### Selbsttest

Energetische Motivation führt zur Abhängigkeit des Motivierenden.

Beantworten Sie die folgenden Fragen mit „Ja“ oder „Nein“.

1. Sind Sie in der Lage, sich lange für Ihre eigenen Ideen zu begeistern? ..........
2. Identifizieren sich andere mit Ihren Ideen? ..........
3. Haben Sie den Drang, andere zu sich selbst zu führen, damit diese sich weiterentwickeln können? ..........
4. Denken Sie, dass Sie andere nicht motivieren müssen? ..........
5. Haben Sie selbst das Gefühl, Sinn in dem, was Sie tun, zu finden? ..........

Wenn Sie mehr Aussagen mit „Nein“ beantwortet haben als mit „Ja“, dann können sich andere wahrscheinlich wenig mit Ihren Ideen identifizieren. Die Folge könnte ein Motivationsproblem sein, da Motivation aus Ihnen selbst heraus entstehen muss. Wenn Sie sich selbst mit Ihren Ideen nicht identifizieren können, dann können es andere auch nicht.

!

Ich führe andere nicht mehr durch energetische Motivation. Das laugt mich aus. Ich führe andere durch Einsicht zu einer intrinsischen Motivation. Das entlastet mich.

Grundlagen

**Übung**

Werden Sie zum Inspirator!

Denken Sie über die Fragen nach, welche Sie mit „Nein" beantwortet haben. Was fehlt, damit Sie diese klar mit „Ja" beantworten können? Wie können Sie den fehlenden Faktor zum „Ja" *erkennen – anerkennen – transformieren*?

........................................................................................................................................

........................................................................................................................................

........................................................................................................................................

........................................................................................................................................

........................................................................................................................................

........................................................................................................................................

........................................................................................................................................

........................................................................................................................................

## Lektion 8: Mythos „Für alles verantwortlich sein“

### Selbsttest

Gehen Sie klug mit Verantwortung um? Testen Sie, inwiefern Sie sich mit Dingen beschäftigen, die Sie eigentlich gar nicht beeinflussen können.

Überlegen Sie dazu für verschiedene Situationen, wo Sie zu viel oder zu wenig Verantwortung übernehmen. Zeichnen Sie rechts ein, wozu Sie tendieren.

| Anlass | Situation | Verantwortung | |
|---|---|---|---|
| 1. In einem Meeting | ______________ | zu viel | zu wenig |
| 2. Im Beruf | ______________ | zu viel | zu wenig |
| 3. In der Politik | ______________ | zu viel | zu wenig |
| 4. In der Erziehung | ______________ | zu viel | zu wenig |
| 5. Beim Umweltschutz | ______________ | zu viel | zu wenig |
| 6. Im Verein | ______________ | zu viel | zu wenig |

Ich konzentriere mich auf das, was ich beeinflussen kann. Dadurch geht es mir gut und ich kann daraus mehr machen. Wenn ich mich zu sehr mit dem beschäftige, was ich nicht beeinflussen kann, werde ich frustriert und unzufrieden.

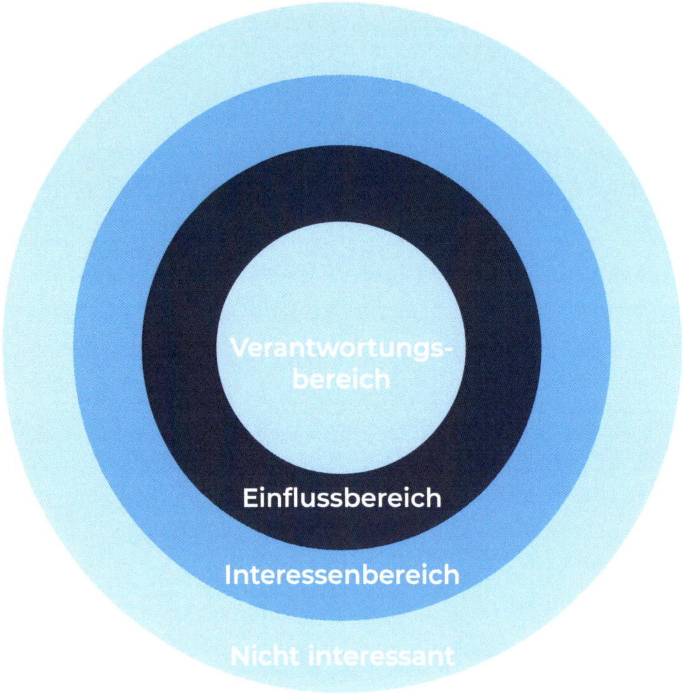


**Übung**

Reflektieren Sie nun: Was befindet sich (von den oben genannten Beispielen) in Ihrem Verantwortungs-, Einfluss- bzw. Interessenbereich? Worauf sollten Sie sich konzentrieren? Wie kann es Ihnen gelingen, Ihren Einflussbereich auszudehnen?

........................................................................................................................

........................................................................................................................

........................................................................................................................

........................................................................................................................

........................................................................................................................

........................................................................................................................

........................................................................................................................

........................................................................................................................

## Lektion 9: Mythos „Alle müssen gleich geführt werden“

### Selbsttest

Checkliste: Geistige Flexibilität im Umgang mit Menschen

Diese Checkliste soll Ihnen helfen, Ihren Ist-Zustand zu bewerten. Beantworten Sie zunächst die beiden Fragen, dann machen Sie sich an die Arbeit, die falschen Antworten zu korrigieren.

| | | |
|---|---|---|
| Jeder Mensch hat die gleichen Rechte (gleichberechtigt). Sie behandeln im Sinne der sozialen Gerechtigkeit deswegen alle Menschen gleich. | Ja | Nein |
| Alle Menschen sind gleichwertig. Da jeder seine eigenen Stärken und Schwächen hat, behandeln Sie jeden Menschen unterschiedlich. | Ja | Nein |

### Lösung

Gleichwertig ist nicht gleich gleichberechtigt – klingt logisch? Vielen fehlt hier die mentale Unterscheidung. Als Mensch sind wir alle gleichwertig, als Mitarbeitende in einem Unternehmen aber nicht unbedingt gleichberechtigt. Es gibt Führungskräfte, die über anderen stehen, und Mitarbeitende, die unter anderen stehen.

Wertschätzung und die Begegnung auf Augenhöhe sind fundamental, wenn dies mit Tiefgang und mentalem Differenzierungsvermögen geschieht. Es ist wichtig, zu unterscheiden zwischen *Ich bin ein Mensch und gleichwertig wie mein Chef* und *Ich bin Mitarbeiter in dieser Firma, aber mein Chef steht über mir, hat daher mehr Entscheidungsrecht als ich.*

**!** Ich unterscheide zwischen Gleichwertigkeit und Gleichberechtigung. Daher behandle ich jeden individuell. So wie es – je nach Kontext – am sinnvollsten ist.

Grundlagen

**Übung**

Lernen Sie, unterschiedliche Menschen unterschiedlich zu behandeln. Denken Sie dazu an zwei unterschiedliche Personen. Diese können aus Ihrem beruflichen oder privaten Umfeld sein.

1. Wie behandeln Sie diese Personen? Überprüfen Sie, ob Sie individuell auf beide Personen eingehen.

   ........................................

   ........................................

   ........................................

   ........................................

2. Wenn „Nein“ zutrifft, stellen Sie sich folgende Frage: Wie können Sie in Zukunft besser auf die Person eingehen?

   ........................................

   ........................................

   ........................................

   ........................................

## Lektion 10: Mythos „Wer viel zu tun hat, ist erfolgreich“

### Selbsttest

Erkennen Sie Ihre Treiber und markieren Sie jeweils einen der beiden Begriffe.

| Brennglas | | Gießkanne |
|---|---|---|
| 1. | Ergebnisse ........ | Status |
| 2. | Verantwortlichkeit ........ | Beliebtheit |
| 3. | Klarheit ........ | Sicherheit |
| 4. | Auseinandersetzung ........ | Harmonie |
| 5. | Vertrauen ........ | Unverletzbarkeit |

Wo liegt Ihr Schwerpunkt – beim Brennglas oder der Gießkanne?

> ! Ich frage mich immer weniger: Was gibt es zu tun? Ich frage mich viel mehr: Was wünsch ich mir getan zu haben?

### Übung

Fokussieren Sie sich auf Ihre Ergebnisse.

Was wünschen Sie sich, ... getan zu haben?

1. ... am Ende des Tages ...

..................................................

..................................................

..................................................

..................................................

Grundlagen

2. ... am Ende der Woche ...

3. ... am Ende Ihres Lebens ...?

Wenden Sie die obigen Fragen in Ihrem Alltag immer wieder an. Fragen Sie sich, wo Ihr Fokus liegt, und arbeiten Sie daran, sich weniger an Aufgaben und mehr an Ergebnissen zu orientieren.

*Vertiefen Sie dieses Modul in unserer Online-Lernwelt.*

www.grundl-institut.de/fuehrung-in-zukunft

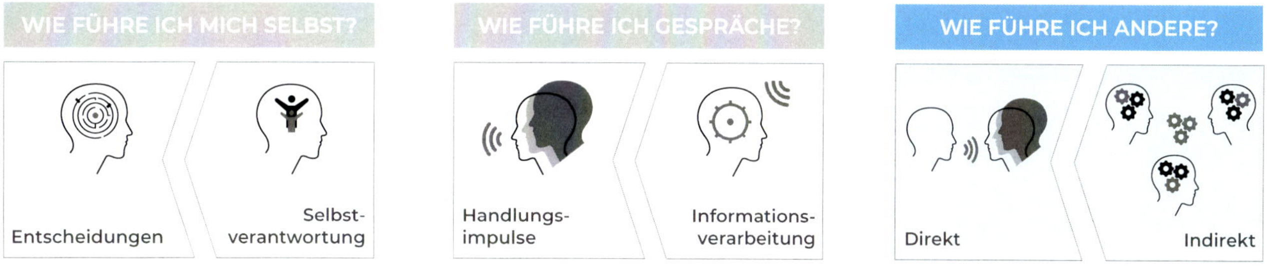
WIE FÜHRE ICH MICH SELBST?
Entscheidungen
Selbst-
verantwortung
WIE FÜHRE ICH GESPRÄCHE?
Handlungs-
impulse
Informations-
verarbeitung
WIE FÜHRE ICH ANDERE?
Direkt
Indirekt

## Sinnorientierung:
## Wie ermögliche ich intrinsische Motivation durch Sinnhaftigkeit?

- Lektion 1: Was ist die Wirkung von Sinn? ☐
- Lektion 2: Warum ist Sinn so eine große Herausforderung? ☐
- Lektion 3: Wie finde ich Sinnorientierung? ☐
- Lektion 4: Welche Quellen beeinflussen den Sinn einer Organisation? ☐
- Lektion 5: Wer trägt die Verantwortung für die Erfahrung von Sinn? ☐
- Lektion 6: Was hat Sinn mit Ergebnisorientierung zu tun? ☐
- Lektion 7: Was bedeutet Sinn für die Entscheidungsfindung? ☐
- Lektion 8: Wie setze ich Sinnorientierung im Alltag um? ☐
- Lektion 9: Wie führe ich ein Team durch Sinnorientierung? ☐



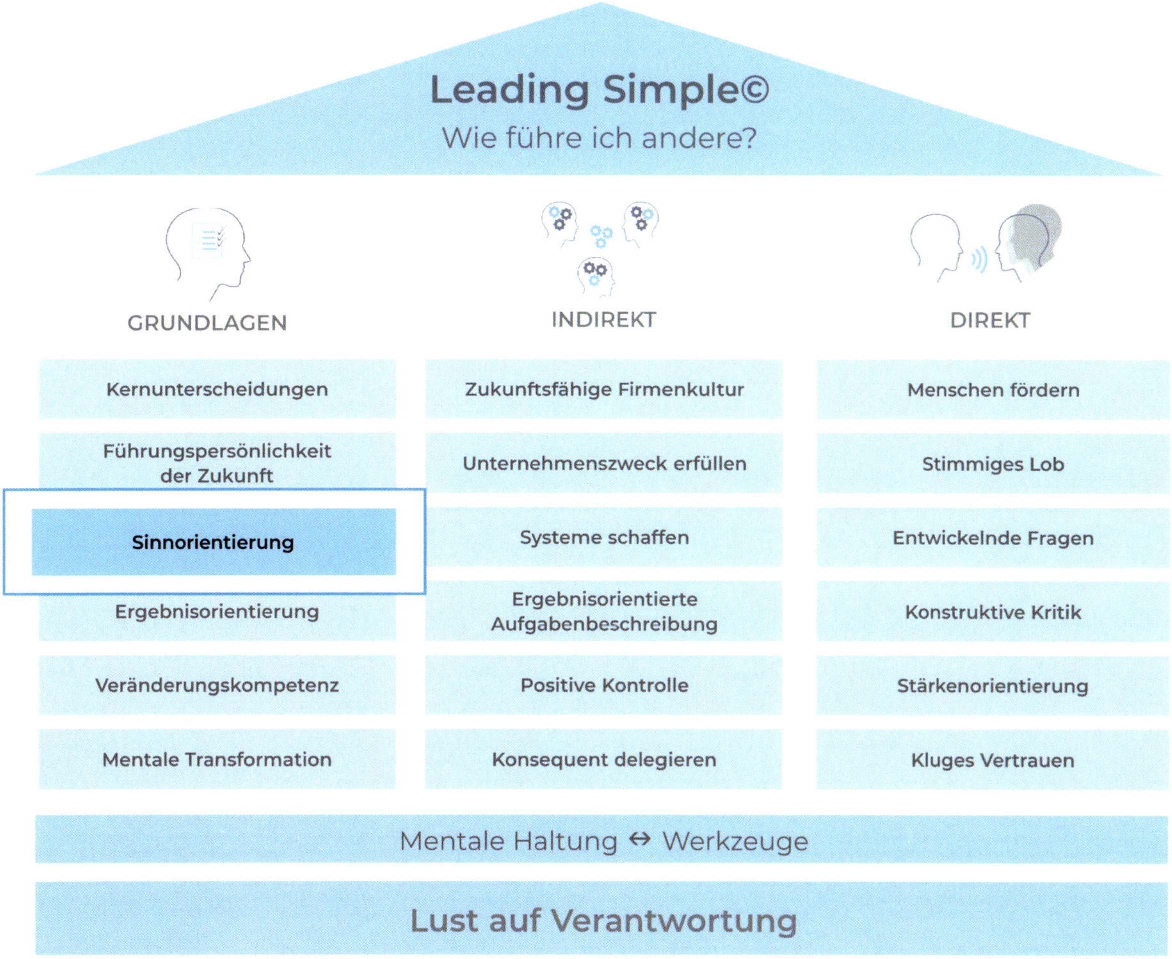

# Modul: Sinnorientierung

Ein Leader weiß, dass Sinnhaftigkeit der größte Motivator der Zukunft ist. Er sorgt für ein transparentes „Warum". In jedem Meeting, in jeder Aufgabe und in jedem Projekt.

### Lektion 1: Was ist die Wirkung von Sinn?

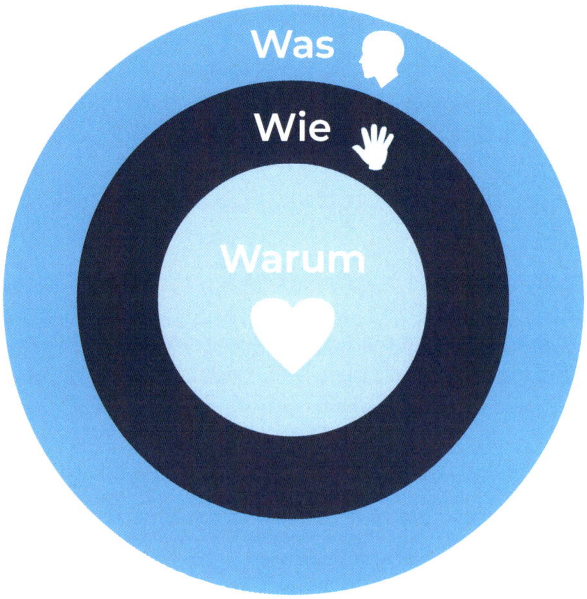


### Checkliste

- ☐ Das Ergebnis von **»Sinnorientierung«** ist eine durch Einsicht entstandene intrinsische Antriebsenergie für ein bestimmtes Vorhaben.
- ☐ Bei Sinnorientierung geht es um das konkrete Erleben von Sinn im Alltag, nicht um die große Frage der Sinnhaftigkeit im Leben.
- ☐ Aufgaben (Was) und Hilfsmittel (Wie) sind ein scharfes Schwert. Prinzipien (Warum) sind der starke Arm, welcher das Schwert führt.
- ☐ Ergebnisorientierung sorgt automatisch für Sinnhaftigkeit in einem bestimmten Kontext.
- ☐ Ein klarer »Unternehmenszweck« sorgt für eine Identifikation von Mitarbeitenden und von Kunden. Der Unternehmenszweck gibt klare Orientierung bei Entscheidungsprozessen.
- ☐ Wer ein Warum zum Handeln hat, der erträgt fast jedes Wie.

1. Kennen Sie den Unternehmenszweck Ihres Unternehmens? Wenn ja: Welche Auswirkung hat dieser auf Ihre mentale Haltung oder die Firmenkultur Ihres Unternehmens?

.....................................................................................................................................................

.....................................................................................................................................................

.....................................................................................................................................................

.....................................................................................................................................................

2. Welche Aspekte aus der Checkliste würden Sie sich für Ihr Unternehmen wünschen und wo fehlt es hierzu an Sinnhaftigkeit?

.....................................................................................................................................................

.....................................................................................................................................................

.....................................................................................................................................................

.....................................................................................................................................................

### Lektion 2: Warum ist Sinn so eine große Herausforderung?

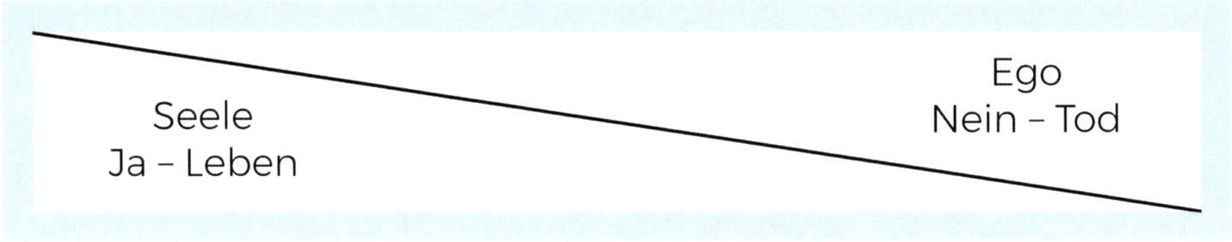


Die Seele sucht nach Sinnhaftigkeit
- ▶ *Entstehen*
- ▶ *Sinn*

Das Ego sucht nach Macht
- ▶ *Vergehen*
- ▶ *Sinnlos*



1. Von welchem Standpunkt aus müssen Sie Ihren eigenen Transformationsprozess bewältigen, um Balance zu finden? Befinden Sie sich eher auf der Seite der Seele oder der Seite des Egos? Woran können Sie Ihre derzeitige Verortung erkennen?

2. Wie lässt sich der Zustand der Seele mit den Aufgaben einer Führungskraft in Einklang bringen? Welches sind die verbindenden Elemente?

**Lektion 3: Wie finde ich Sinnorientierung?**

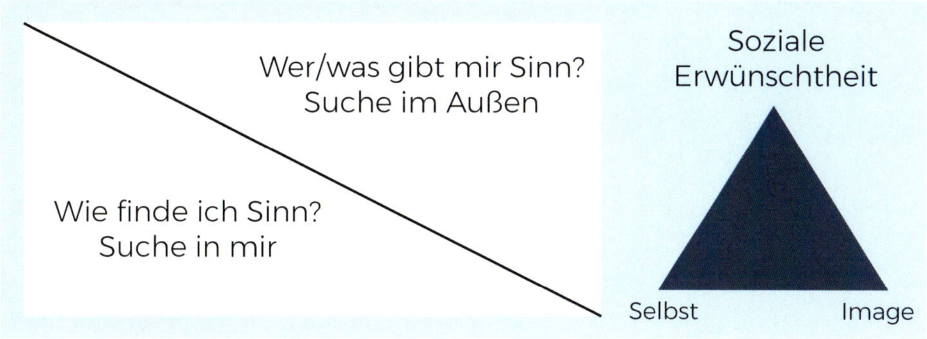


1. Versuchen Sie selbst einmal, den Unterschied in Ihrem Alltag zu erkennen:

   a) Wo versuchen Sie, dem gerecht zu werden, was andere von Ihnen erwarten? Nennen Sie drei Punkte.

   1. ........................................

   2. ........................................

   3. ........................................

   b) Wo verharren Sie noch im Image – also in dem Bild dessen, wie Sie gerne wären. Nennen Sie drei Punkte.

   1. ........................................

   2. ........................................

   3. ........................................

   c) Welche Dinge entspringen tatsächlich aus Ihnen selbst? Und wo erwarten Sie, Sinn zu erhalten. Vergleichen Sie.

   ........................................

   ........................................

   ........................................

Grundlagen

2. Es kann helfen, wenn Sie sich die folgenden intrinsischen und extrinsischen Fragen stellen:

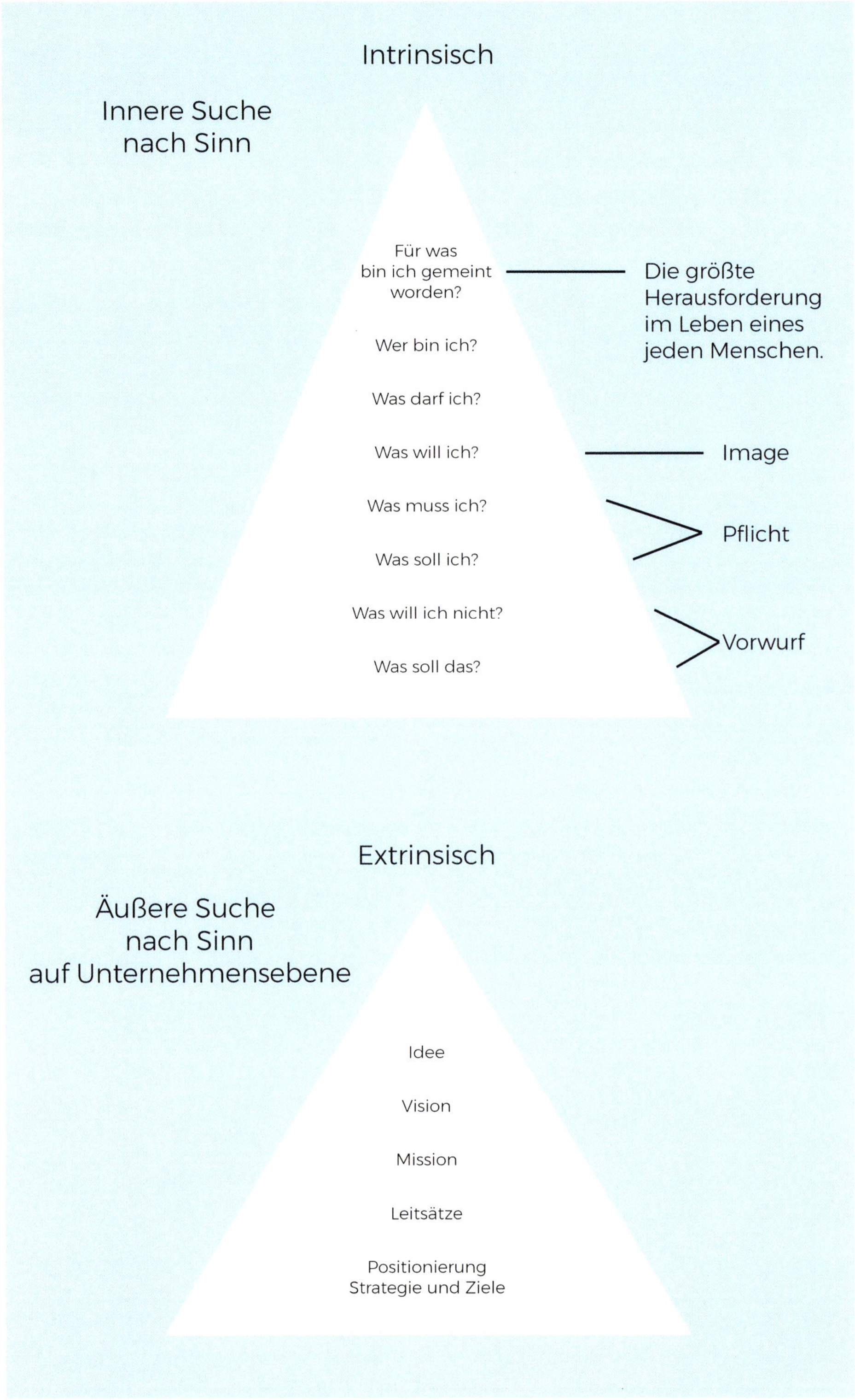

## Lektion 4: Welche Quellen beeinflussen den Sinn einer Organisation?

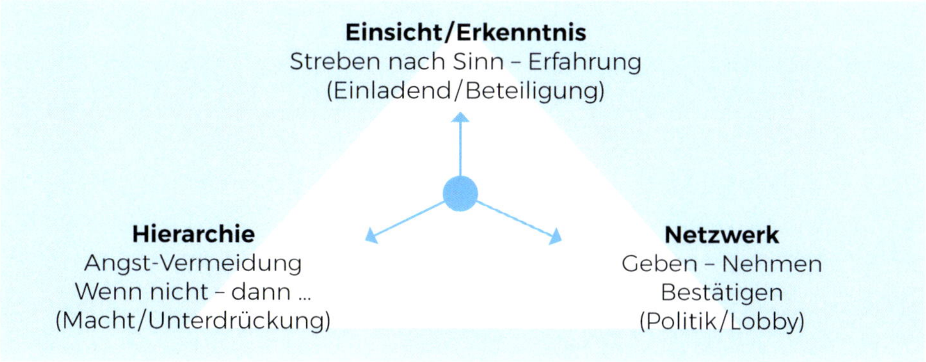


Meistens überwiegt der untere Bereich. Die Balance ist jedoch wichtig.

1. Welche Formen von Einfluss/Macht kennen Sie?

   ..................................................................................................................................

   ..................................................................................................................................

2. Überlegen Sie einmal, welche Erfahrungen Sie selbst ...

   a) ... mit dem Einfluss gemacht haben, den Hierarchie ausübt.

   ..................................................................................................................................

   ..................................................................................................................................

   b) ... mit dem Einfluss gemacht haben, welchen Netzwerke ausüben.

   ..................................................................................................................................

   ..................................................................................................................................

   c) ... mit dem Einfluss gemacht haben, welchen das Streben nach Sinn ausübt.

   ..................................................................................................................................

   ..................................................................................................................................

### Lektion 5: Wer trägt die Verantwortung für die Erfahrung von Sinn?

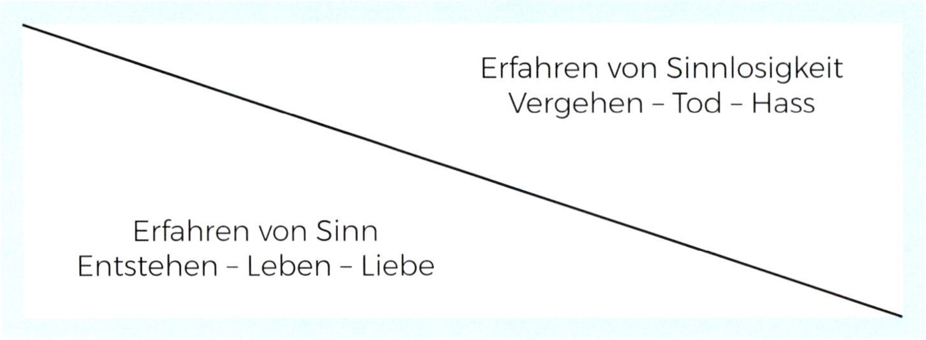


1. Wem geben Sie die Verantwortung für Ihr Erleben von Sinn?

2. In welchem Bereich übernehmen Sie selbst die Verantwortung für Ihr Erleben von Sinn?

3. Wie lässt sich die Erfahrung von Sinn in Ihrem Leben oder auch in Ihrem Unternehmen weiterentwickeln?

4. In welchen Talenten und Stärken könnten Sie Sinn finden?

### Lektion 6: Was hat Sinn mit Ergebnisorientierung zu tun?

1. Welchen Sinn verfolgen Ihre Aktivitäten?

   ..............................................................................................................................

2. Welchen Sinn verfolgen Ihre Ergebnisse?

   ..............................................................................................................................

3. Welchen Sinn verfolgt Ihre Verantwortungsübernahme?

   ..............................................................................................................................

4. Gehen Sie die Checkliste durch und überlegen Sie für jeden Punkt, ob und wie Sie diesen bereits erlebt haben oder künftig in der Praxis anwenden können.

   ..............................................................................................................................

### Checkliste

- ☐ Aktivitäten führen zu Beschäftigung.
- ☐ Ergebnisse führen zu Wirkung.
- ☐ Verantwortung führt zu Selbstfunktionalität.
- ☐ Sinn führt zum Mitdenken.
- ☐ Der Unternehmenszweck sorgt für sinnvolle Ziele.
- ☐ Eine klare EOA auf Basis des Unternehmenszwecks ergibt Orientierung und Sinn.
- ☐ Verantwortung führt zu Sinn. Sinn führt zu Verantwortung.
- ☐ Sinn kann nicht verordnet werden. Einladen und Vorleben sind wichtig.
- ☐ Woran erkennen wir, dass ...?
- ☐ Begeisterung trägt Sinn mit sich. Voller Geist – voller Sinn.
- ☐ Nicht jede Begeisterung macht Sinn.

Grundlagen

## Lektion 7: Was bedeutet Sinn für die Entscheidungsfindung?

Die Bumerang-Pyramide

1. Wie sehr quälen Sie sich mit Entscheidungen? Fällt es Ihnen eher leicht, Entscheidungen zu treffen, oder eher schwer?

   - ☐ sehr schwer
   - ☐ schwer
   - ☐ mittel
   - ☐ leicht
   - ☐ sehr leicht

2. Welchen Sinn haben Ihre Entscheidungen? Und welchen haben sie für den Unternehmenszweck?

   ..............................................................................................................................

3. Nimmt Sinn die wichtigste Entscheidungsgrundlage für Sie ein? In welchen Entscheidungsbereichen soll Sinn künftig eine größere Rolle für Sie spielen?

   ..........................................................................................................................

4. Wie oft bildet Angst eine Entscheidungsgrundlage für Sie?

   - ☐ sehr häufig
   - ☐ häufig
   - ☐ mittel
   - ☐ selten
   - ☐ nie

5. Es ist nicht leicht, sich seinen konkreten Ängsten zu stellen. Doch nehmen Sie sich etwas Zeit und überlegen Sie ehrlich: Welche Entscheidungen haben Sie aus Angst heraus getroffen, um ein bestimmtes Ergebnis oder eine Konsequenz zu vermeiden? Nennen Sie mindestens drei Entscheidungen:

   1. ..........................................................................................................................
   2. ..........................................................................................................................
   3. ..........................................................................................................................

### Lektion 8: Wie setze ich Sinnorientierung im Alltag um?

Zitat von Boris Grundl: *Wir verlangen, das Leben habe einen Sinn. Dabei hat es genau so viel Sinn, wie wir ihm geben können. Damit wird das Erleben von Sinn auch zu einer individuellen Aufgabe.*

1. Wie oft benutzen Sie das Wort „Sinn“ im Alltag. Führen Sie einmal bewusst eine Strichliste. Notieren Sie das Ergebnis hier:

2. Woran erkennen Sie, dass der gestrige Tag erfolgreich war? Wählen Sie eine erledigte Tat aus und schreiben Sie drei Gründe auf, warum diese sinnvoll war.

   1. ................................................................................

   2. ................................................................................

   3. ................................................................................

3. Denken Sie nun an weitere Tätigkeiten zurück und ordnen Sie diese der nachfolgenden Tabelle zu.

| Sinnvolle Tätigkeit | Sinnlose Tätigkeit |
|---|---|
| | |
| | |
| | |

Grundlagen

4. Suchen Sie sich nun eine dieser sinnlosen Tätigkeiten heraus und überlegen Sie, was Sie in Zukunft ändern müssen, damit diese Sinn macht.

......................................................................................................................................................

......................................................................................................................................................

......................................................................................................................................................

......................................................................................................................................................

5. Denken Sie über Ihre Zukunftsziele nach und mit welchen Zukunftsplänen Sie Ihrem Leben einen Sinn verleihen möchten. Schreiben Sie Ihre Vision in den nachfolgenden Zeilen nieder.

......................................................................................................................................................

......................................................................................................................................................

......................................................................................................................................................

......................................................................................................................................................

......................................................................................................................................................

......................................................................................................................................................

......................................................................................................................................................

......................................................................................................................................................

......................................................................................................................................................

......................................................................................................................................................

......................................................................................................................................................

......................................................................................................................................................

! Ich frage mich: Was wünsche ich mir am Ende des Lebens getan zu haben? Ich folge der Antwort konsequent.

## Lektion 9: Wie führe ich ein Team durch Sinnorientierung?

Es geht nicht um Perfektionismus, sondern um Sinnerweiterung in Ihrer Teamarbeit! Sorgen Sie im Vorfeld für Klarheit in den Verantwortungsbereichen, Umsetzungszeiträumen und bei der Ergebniserreichung!

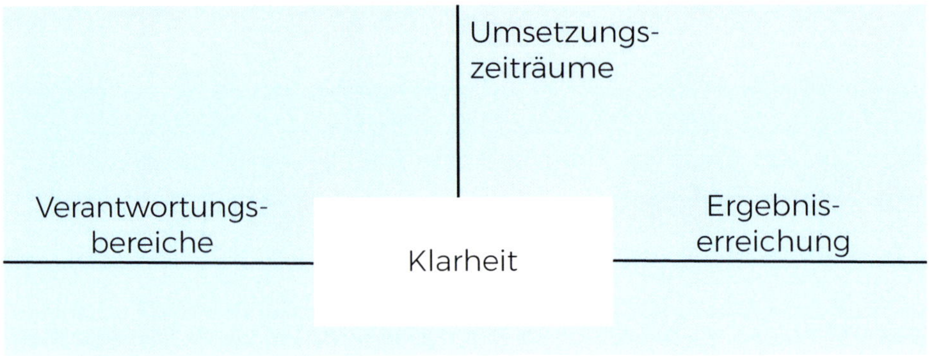


1. Ergänzen Sie weitere Bereiche, in denen Sie sich ebenfalls Klarheit wünschen.

2. Woran erkennen Sie, dass Ihr Team erfolgreich zusammengearbeitet hat? Schreiben Sie zu jedem Ihrer Teammitglieder auf, warum dieses eine hohe Bedeutung im Team hat.

| Teammitglied | Bedeutung |
|---|---|
| | |
| | |
| | |
| | |
| | |
| | |

3. Gibt es Bremsklötze in Ihrem Team? Was könnte an der Teamführung in Ihrem Unternehmen verbessert werden?

! Ich starte jedes Meeting mit dem Satz: „Woran erkennen wir am Ende des Meetings, dass das Meeting erfolgreich war?“

4. Was erhoffen Sie sich von Zusammenarbeit und welche positiven Erfahrungen haben Sie bereits mit Zusammenarbeit gemacht?

5. Welche negativen Erfahrungen hatten Sie bereits mit Teamarbeit? Beschreiben Sie Streitpunkte und wie Sie die Unstimmigkeiten klären konnten.

6. Weisen Sie sich gegenseitig auf Fehler im Team hin? Nehmen Sie Kritik persönlich?

7. Welche Rolle übernehmen Sie im Team? Und warum?

8. Was ist die Daseinsberechtigung des Teams?

*Vertiefen Sie dieses Modul in unserer Online-Lernwelt.*

www.grundl-institut.de/sinn-orientierung

Series 1
Series 2
Jan 0.17 5.60
Feb 0.95 8.52
Mar 1.56 8.74
Apr 2.09 1.08
May 2.69 5.54
Jun 2.73 3.03
Jul 3.49 6.00
Aug 3.65 5.78
Sep 4.01 4.32
Oct 4.57 7.56
Nov 5.45 5.90
Dec 6.16 2.43
Jan Feb Mar Apr May Jun
Jan Feb Mar Apr May Jun

## Ergebnisorientierung:
## Wie entsteht Spitzenleistung durch das Denken & Handeln in Ergebnissen?

- Lektion 1: Was sind Ergebnisse und woher kommen Sie? ☐
- Lektion 2: Wie lerne ich, Ergebnisse zu lieben? ☐
- Lektion 3: Warum fällt uns Ergebnisorientierung so schwer? ☐
- Lektion 4: Wie gehe ich klug mit Ergebnisorientierung um? ☐
- Lektion 5: Wie entwickle und übe ich Ergebnisorientierung? ☐
- Lektion 6: Wie steuere ich meine Prioritäten? ☐
- Lektion 7: Wie führe ich das Thema Ergebnisorientierung in einer Firma ein? ☐



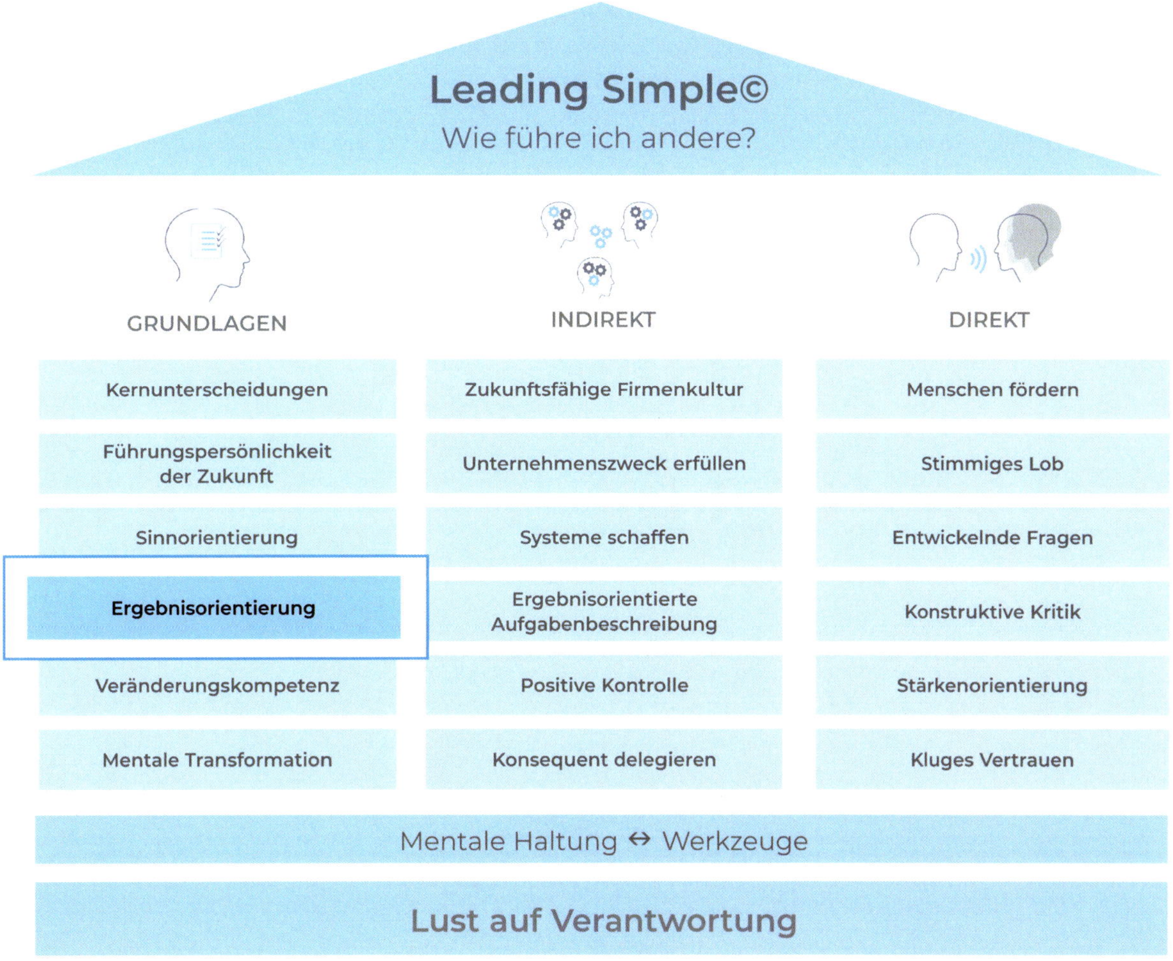

# Modul: Ergebnisorientierung

Ein Leader hat Lust auf Ergebnisse. Ergebnisse liefern ist für ihn eine Freude und keine Qual. Das vermittelt er seinem Team. Dies gelingt ihm, wenn Mitarbeitende beim Denken und Handeln das Ergebnis und weniger das Erledigen der Aufgabe im Kopf haben.

**!** Durch „Ergebnisorientierung“ im Denken entsteht eine große Klarheit über das, was beim Handeln wirklich wesentlich ist.

## Lektion 1: Was sind Ergebnisse und woher kommen Sie?

**Der Ergebniszyklus**

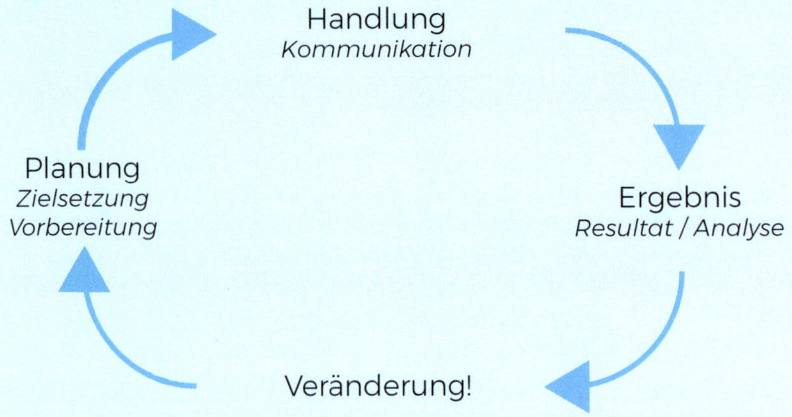


*Wie schnell können Sie diesen Kreis drehen?*

Werden Sie sich Ihrer Ergebnisse bewusst. Welches Denken und welche Handlung haben welche Ergebnisse in Ihrem Leben erwirkt?

1. Schreiben Sie dazu zunächst auf, was Ergebnisse

a) in Ihrem Leben sind.
b) in Ihrem Unternehmen sind.

a) ..........................................................................................

b) ..........................................................................................

2. Beantworten Sie nun die folgenden Fragen.

a) Welchen Anteil dieser Ergebnisse haben Sie selbst beeinflusst?

.....................................................................................................................................

.....................................................................................................................................

.....................................................................................................................................

.....................................................................................................................................

.....................................................................................................................................

b) Aus welchen Ergebnissen können Sie Lehren für die Zukunft ziehen?

.....................................................................................................................................

.....................................................................................................................................

.....................................................................................................................................

.....................................................................................................................................

.....................................................................................................................................

c) Welche dieser Ergebnisse möchten Sie verbessern?

.....................................................................................................................................

.....................................................................................................................................

.....................................................................................................................................

.....................................................................................................................................

.....................................................................................................................................

d) Welche Wirkung möchten Sie in Ihrem Leben erhöhen?

.................................................................................................

.................................................................................................

.................................................................................................

.................................................................................................

.................................................................................................

e) Was muss passieren, damit Sie ein höheres Niveau erreichen?

.................................................................................................

.................................................................................................

.................................................................................................

.................................................................................................

.................................................................................................

**!**

Lebensergebnisse zeigen sich zum Beispiel in der Fähigkeit zu denken, im Vertrauen in sich und in andere und im Umgang mit Verantwortung.

**Lektion 2: Wie lerne ich, Ergebnisse zu lieben?**

**Denken in Zielen**
(Aktivitätsdenken: Nächster Schritt, um etwas zu erreichen?)

**Denken in Ergebnissen**
(Wirkungsdenken: Was ist passiert, um etwas zu erreichen?)

**Zwei Ansätze:**
Aktivitäten lieben
Wirkung von Aktivitäten lieben

**!** Ich verliebe mich in das Ergebnis und die Veränderung fällt mir leicht.

1. Stellen Sie sich folgende Situation vor: Noch eine Stunde bis zur Deadline Ihres Projektes. Jetzt klingelt das Telefon mit einer wichtigen Anfrage. Wie denken Sie in dieser Situation – in Aktivitäten oder in Ergebnissen?

.......................................................................................................................................

.......................................................................................................................................

.......................................................................................................................................

.......................................................................................................................................

2. Beobachten Sie sich das nächste Mal in solch einer Situation gezielt und denken Sie bewusst in Ergebnissen. Was hat sich verändert? Notieren Sie Ihre Gedanken.

.......................................................................................................................................

.......................................................................................................................................

.......................................................................................................................................

.......................................................................................................................................

.......................................................................................................................................



 

Grundlagen

### Lektion 3: Warum fällt uns Ergebnisorientierung so schwer?

**Anerkennung für Anstrengung**
(Bestätigung/Wertschätzung einfordern; innerliche Unsicherheit)

**Anerkennung für Wirkung**
(Ergebnisse sprechen für sich, Anerkennung kommt von selbst; innere Sicherheit)

**Zwei Antriebe:**
Durch Ergebnisse zum Status
Reine Lust an der Wirkung/am Ergebnis

1. Ordnen Sie Ihr Anerkennungsstreben ein. Möchten Sie manchmal Anerkennung als Bestätigung haben? Wenn ja, in welchen Situationen und warum?

| Situation | Warum streben Sie nach Anerkennung? |
|---|---|
| | |
| | |

! Leader haben gelernt, Ergebnisse mehr zu lieben als die Anstrengung, die sie dafür aufbringen.

2. Orientieren Sie sich vielleicht unbewusst an (immateriellen) Statussymbolen? Suchen Sie konkrete Beispiele. Wie können Sie diese loslassen?

| Statussymbol | Wie können Sie loslassen? |
|---|---|
| | |
| | |

**Lektion 4: Wie gehe ich klug mit Ergebnisorientierung um?**

1. Wie klar ist Ihnen Ihr Verantwortungsbereich bewusst? Definieren Sie diesen bitte einmal privat und beruflich.

a) *Privat* ..........................................................................................................................

b) *Beruflich* ......................................................................................................................

2. Wie gut können Sie die Wirkung/das Ergebnis in Ihrem Verantwortungsbereich geistig abbilden? Haben Sie das Ergebnis Ihrer Handlung im Blick oder nur die Handlung an sich? Wie klar sind Sie sich dabei über Ihren **Einfluss- und Interessenbereich?**

..........................................................................................................................................

..........................................................................................................................................

..........................................................................................................................................

..........................................................................................................................................

..........................................................................................................................................

Grundlagen

Lektion 5: Wie entwickle und übe ich Ergebnisorientierung?

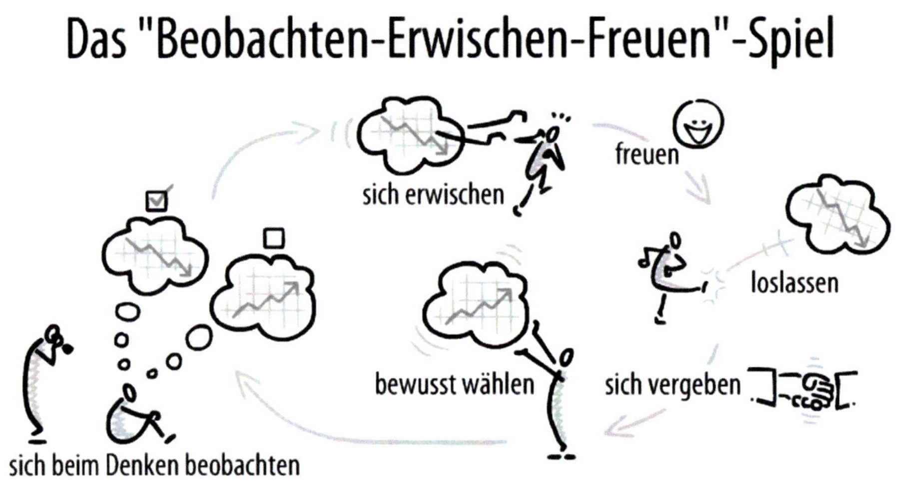


! Was gestern gedacht wurde, zeigt sich heute in Form von Ergebnissen.

1. Wie oft benutzen Sie das Wort „Ergebnis“?
   *nie* ☐ *selten* ☐ *häufig* ☐ *immer* ☐
2. Welche Emotionen verbinden Sie damit? Stellen Sie Ihre Gedanken gerne in Form einer Mindmap dar.

................................................................................

................................................................................

................................................................................

................................................................................

3. Wie gut können Sie sich beim Denken beobachten? Können Sie sich freuen, wenn Sie in einem schwachen Zustand sind? Wie gut können Sie sich vergeben beziehungsweise haben Sie sich als Mensch schon anerkannt?

................................................................................

................................................................................

................................................................................

................................................................................

**Lektion 6: Wie steuere ich meine Prioritäten?**

1. Welche zwei Ansätze gibt es, mit denen wir besser Prioritäten im Rahmen der Ergebnisorientierung setzen können? Erklären Sie diese bitte.

   ................................................................................

   ................................................................................

   ................................................................................

2. Überlegen Sie im zweiten Schritt, ob Sie Ihre Prioritäten effektiv oder effizient steuern? Woran erkennen Sie dies?

   ................................................................................

   ................................................................................

   ................................................................................

3. Was können Sie aus den Erkenntnissen dieser Lektion lernen?

   ................................................................................

   ................................................................................

   ................................................................................

## Lektion 7: Wie führe ich das Thema Ergebnisorientierung in einer Firma ein?

! Ein Leader stellt Messbarkeit sicher, damit Mitarbeitende in ihrer Wirkung tatsächlich auf sich selbst zurückgeworfen werden.

1. Fangen Sie an, das Wort Ergebnis im positiven Kontext in Ihrem Unternehmen zu benutzen. Formulieren Sie hierzu ein Beispiel.

   ........................................................................................................

   ........................................................................................................

   ........................................................................................................

2. Mit welchen Worten assoziieren Sie das Wort „Ergebnis“? Schreiben Sie fünf Begriffe auf, die Ihnen als Erstes in den Sinn kommen.

   ........................................................................................................

   ........................................................................................................

   ........................................................................................................

3. Wie empathisch nehmen Sie Zustimmung und Ablehnung wahr, ohne zu beurteilen?

   ........................................................................................................

   ........................................................................................................

   ........................................................................................................

> Wer „versucht“, der beschäftigt sich schon beim Start mit Gründen für das Misslingen.

*Vertiefen Sie dieses Modul in unserer Online-Lernwelt.*

www.grundl-institut.de/ergebnisorientierung

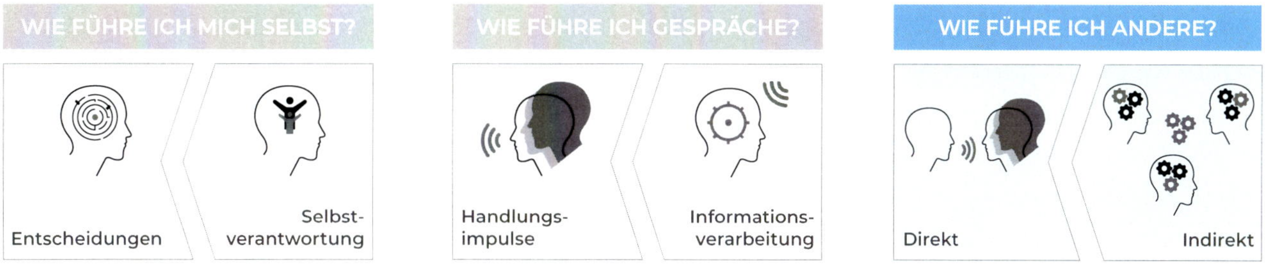
WIE FÜHRE ICH MICH SELBST?
Entscheidungen
Selbst-verantwortung
WIE FÜHRE ICH GESPRÄCHE?
Handlungs-impulse
Informations-verarbeitung
WIE FÜHRE ICH ANDERE?
Direkt
Indirekt

## Veränderungskompetenz:
## Wie erreiche ich einen permanenten Wettbewerbsvorteil durch hohe geistige Flexibilität?

Lektion 1: Was löst die Konfrontation mit einer Veränderung in uns aus? ☐
Lektion 2: Was passiert im Veränderungsprozess mit unserem Bewusstsein? ☐
Lektion 3: Warum tun sich Menschen mit Veränderungen schwer? ☐
Lektion 4: Welche mentalen Haltungen kennzeichnen eine Veränderung? ☐
Lektion 5: Was ist die größte Herausforderung in einer Veränderung? ☐
Lektion 6: Wie nehme ich eine Veränderung geistig in Besitz? ☐
Lektion 7: Woran scheitern die meisten Veränderungsprozesse in Unternehmen? ☐
Lektion 8: Wie kann ich mentale Transformation verstehen und auslösen? ☐
Lektion 9: Wie übe ich geistige Flexibiltät als tägliches Veränderungstraining? ☐



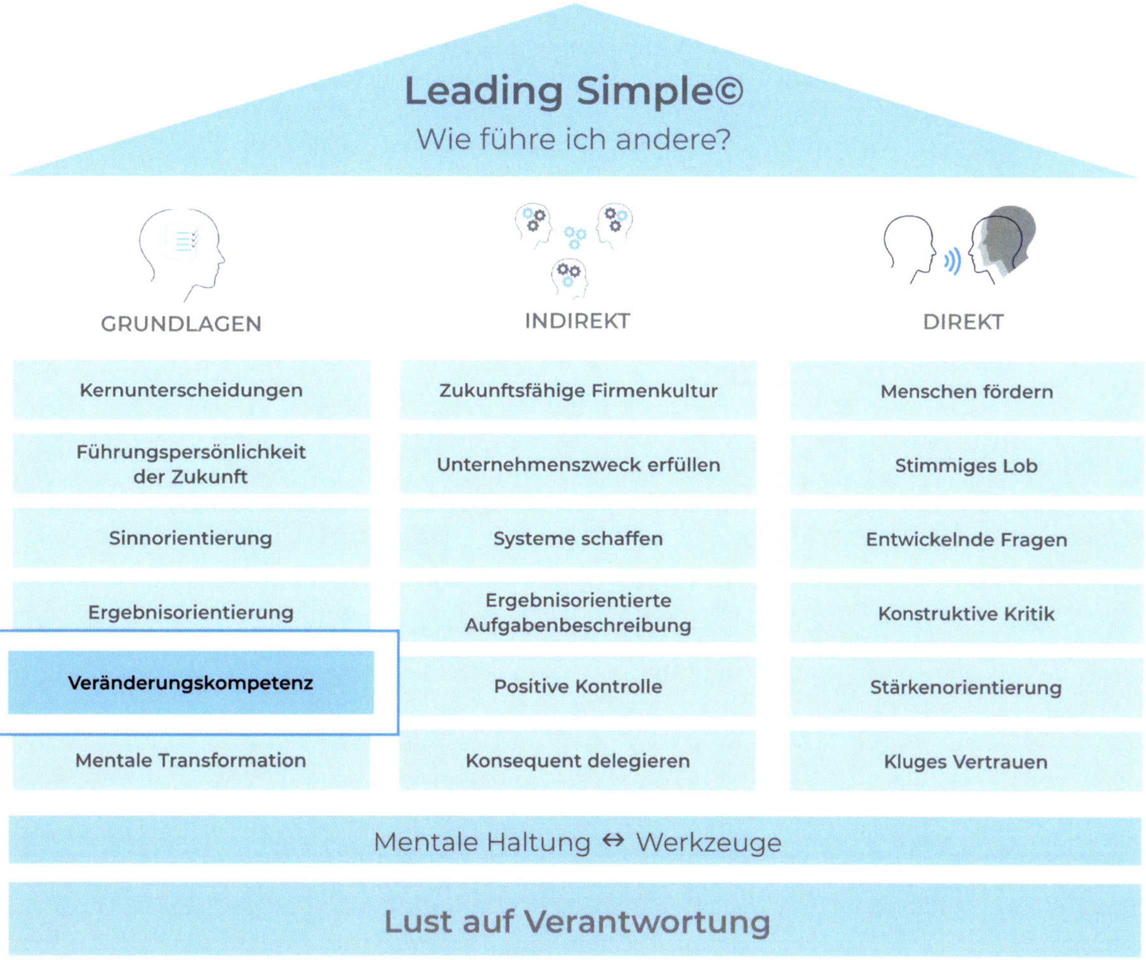

# Modul: Veränderungskompetenz

Veränderungskompetenz beschreibt die mentale Anpassungsfähigkeit an sich ändernde Voraussetzungen. Ohne diese geistige Flexibilität gibt es keine Balance zwischen Erfolg, Erfüllung und mentaler Gesundheit. Der kluge Umgang mit Veränderungen kennzeichnet zukunftsfähige Firmenkulturen.

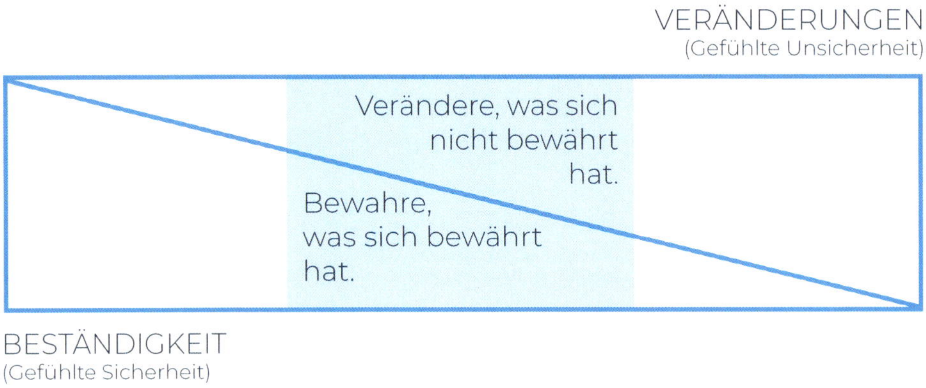


## Lektion 1: Was löst die Konfrontation mit einer Veränderung in uns aus?

1. Was verursachen Veränderungen? Schreiben Sie Ihre Gedanken in Form einer Mindmap nieder.

**Veränderungen**

! Die inneren Widerstände gegenüber Veränderungen sind entweder Angst oder Uneinsichtigkeit.

2. Welche innere Reaktion verursacht die Konfrontation mit einer Veränderung und welche drei Emotionen sind damit verbunden?

.............................................................................................................................

.............................................................................................................................

.............................................................................................................................

.............................................................................................................................

.............................................................................................................................

3. Welchen Prozess durchleben Sie, wenn Sie mit Veränderungen umgehen müssen? Fällt Ihnen hierzu eine weitere Unterscheidung ein?

.............................................................................................................................

.............................................................................................................................

.............................................................................................................................

.............................................................................................................................

.............................................................................................................................

4. Erinnern Sie sich selbst an eine Situation, in der Sie mit einer gravierenden Veränderung konfrontiert wurden – egal ob beruflich oder privat. Wie haben Sie zunächst auf die Veränderung reagiert?

.............................................................................................................................

.............................................................................................................................

.............................................................................................................................

.............................................................................................................................

.............................................................................................................................

### Lektion 2: Was passiert im Veränderungsprozess mit unserem Bewusstsein?

! Ich bin mir bewusst: Entscheidend ist nie der Start von Veränderungsprozessen, sondern immer das Ergebnis am Schluss.

1. Gehen Sie einmal in die Vergangenheit zurück und reflektieren Sie einen Veränderungsprozess, den Sie erfolgreich bewältigt haben.

..........

..........

..........

..........

..........

..........

2. Haben Sie sich während eines Veränderungsprozesses schon einmal an einem Interessenbereich festgehalten? Oder tun es noch? Benennen Sie diesen einmal:

..........

..........

..........

3. Was mussten oder müssen Sie loslassen, um Ihren Fokus auf Ihren Einflussbereich zu verschieben?

..........

..........

..........

..........

## Lektion 3: Warum tun sich Menschen mit Veränderungen schwer?

Ein Leader hat gelernt, Widerstände gegen Veränderungen nicht persönlich zu nehmen. Er gibt sich und anderen Zeit und Gelegenheit, sich auf eine Veränderung einzulassen und sie geistig in Besitz zu nehmen.

1. Wenn wir nicht geistig flexibel reagieren, dann versuchen wir zu verdrängen. Erinnern Sie sich an solch eine Situation. Was war Ihr innerer Widerstand und was Ihr äußerer?

   ..................................................

   ..................................................

   ..................................................

2. Wie würden Sie mit diesen Widerständen heute umgehen, nachdem Sie sich mit dem Korridor der goldenen Mitte (siehe Lektion 4) beschäftigt haben? Die goldene Mitte ist ein mentaler Zustand zwischen zwei entgegengesetzten Polen. Die Mitte zwischen Tollkühnheit und Feigheit ist Tapferkeit, die Mitte zwischen Verschwendung und Geiz ist Freigiebigkeit.

   ..................................................

   ..................................................

   ..................................................

### Lektion 4: Welche mentalen Haltungen kennzeichnen eine Veränderung?

Stufen Sie sich auf einer Skala von 1 bis 10 ein:
Sind Sie eher der Typ, der stark verdrängt (1), oder setzen Sie sich sehr zügig mit den Dingen auseinander (10)?

1 2 3 4 5 6 7 8 9 10

- Sie befinden sich in der goldenen Mitte?
  *Herzlichen Glückwunsch!*

- Sie befinden sich eher im linken oder rechten Randbereich?
  *Überlegen Sie, wie Sie zukünftig eine Balance schaffen und Veränderungen annehmen können.*

## Lektion 5: Was ist die größte Herausforderung in einer Veränderung?

### Formen der Angst

Nicht wahrgenommen werden | Ablehnung | Einsamkeit | Versagen | Verlust des Selbstwerts | Existenzangst | Macht- und Statusverlust | Bedeutungs- und Sinnlosigkeit | Burn-/Bore-out | Benachteiligung / Nicht gut genug sein | Zukunftsangst | Kontrollverlust

1. Welche Ängste treffen auf Sie zu und wie klar sind Ihnen Ihre Ängste?

.....................................................................................................

.....................................................................................................

.....................................................................................................

### Kompensationsmechanismen

Aggression | Neid | Fehler anderer betonen | Angriffsmodus | Aktionismus / Beschäftigung | Ausweichen | Prokrastination | Demotivation | Überschwänglichkeit | Manipulation | Suche von Nähe oder Distanz | Arroganz | Ignoranz | Abhängigkeitsverhältnisse schaffen | Ungeduld | Konformitätsdruck | Gier | Kontrolle | Entscheidungsschwierigkeiten

2. Welche Kompensationsmechanismen nutzen Sie? Welcher Schritt fehlt für einen Transformationsprozess?

.....................................................................................................

.....................................................................................................

.....................................................................................................

!

Ich weiß, es gilt immer große Widerstände zu überwinden: entweder am Anfang, in der Mitte oder zum Schluss. Die vier Phasen bei »Menschen fördern« geben mir Orientierung.

**Lektion 6: Wie nehme ich eine Veränderung geistig in Besitz?**

!

Leader erlauben sich und anderen, zunächst mit Frust auf erzwungene Veränderungen zu reagieren.

1. Was tun Sie bisher, weil Sie es müssen – und nicht, weil Sie es wollen? Was fehlt, damit Sie eine akute Veränderung geistig in Besitz nehmen können?

.........................................................................................................

.........................................................................................................

.........................................................................................................

.........................................................................................................

2. Mit welcher mentalen Haltung schauen Sie derzeit auf eine aktuelle Veränderung in Ihrem privaten oder beruflichen Leben? Erkennen Sie die inneren Widerstände und können Sie diese auflösen?

.........................................................................................................

.........................................................................................................

.........................................................................................................

.........................................................................................................

3. Wie gut können Sie Dinge geistig in Besitz nehmen? Was wünschen Sie sich am Ende des Tages getan zu haben? Was ist Ihr größter Bremsklotz hierbei? Wo ist Ihre nächste Kompetenzstufe?

.........................................................................................................

.........................................................................................................

.........................................................................................................

.........................................................................................................

## Lektion 7: Woran scheitern die meisten Veränderungsprozesse in Unternehmen?

Sitzen Sie in der Bestätigungsfalle? Ermitteln Sie, wo Ihr Fokus liegt. Hierzu lesen Sie bitte die folgenden Persönlichkeitsbeschreibungen. Mit wem können Sie sich am besten identifizieren?

*Susanne ist 31 Jahre alt und sportlich aktiv. Sie geht jeden zweiten Tag ins Fitnessstudio und, soweit es ihre Zeit zulässt, jeden Morgen joggen. Sowohl im Sport als auch im Beruf geht sie häufig über ihre Grenzen. Ihre Empfindung ist, dass vor allem auf diese Weise deutlich wird, wie viel sie leistet. Nicht nur für sich, sondern auch für Außenstehende. Ihr Studium hat Susanne in Wirtschaftspsychologie abgeschlossen. Kurse, die sie unter einer Note von 2,3 abschloss, wiederholte sie für ein besseres Ergebnis. Denn ein Studienabschluss schlechter als mit einer Eins vor dem Komma war ihrer Ansicht nach nicht lobenswert. Hier hat sie 200 % investiert, während des Studiums bei den Eltern gewohnt und wenig mit Freunden unternommen. Auch Weiterbildungen sind Susanne extrem wichtig. Hierzu nimmt sie auch in Kauf, wenn ihr Privatleben mal auf der Strecke bleibt. Sobald in ihrem Betrieb Weiterbildungen angeboten werden – egal ob intern oder extern –, ist sie Feuer und Flamme. Das Thema ist ihr dabei nicht so wichtig, denn es kann nie schaden, mehr Wissen anzuhäufen als andere Kolleginnen*
*und Kollegen. Auch beim Chef fragt sie noch einmal gezielt nach Planungsabläufen und Formalia für entsprechende Maßnahmen – auch wenn keine Unklarheiten bestehen. Denn so möchte sie ihrem Vorgesetzten signalisieren, dass sie 100 % gibt. Auch Zertifikate sind ihr am Ende wichtig. Immerhin sollte sie belegen können, was sie weiß, wenn es einmal darauf ankommt. Das schönste Gefühl ist für sie, wenn sie Komplimente für ihren Einsatz bekommt.*

*Angelika ist 34 Jahre alt und hat zwei Kinder. Wann immer sie zwischen Beruf und Familie Zeit dafür findet, versucht sie die Balance im Yoga zu suchen. Dabei ist ihr wichtig, Körper und Geist in Einklang zu bringen und innerlich Ruhe zu finden. Gleichzeitig kann sie dennoch ihren Körper trainieren, ohne ihn durch Verausgabung weiter zu belasten. Denn Gesundheit ist für sie am Sport das Wichtigste. Ihren Master in Medienwissenschaften und Wirtschaftswissenschaften hat sie innerhalb von 16 Semestern abgeschlossen, da sie bereits im Studium das erste Kind bekommen hat und nebenher berufstätig war. Ihren Abschluss konnte sie nicht mit einer Eins vor dem Komma absolvieren, denn nicht für jeden Kurs konnte sie neben dem Job das gleiche Engagement aufbringen. Für sie sind jedoch die Schlüsselkompetenzen, welche ihr das Studium vermittelt hat, am wichtigsten. Auch die persönliche Erfahrung möchte sie nicht missen, da sie dadurch menschlich gewachsen ist. Außerdem konnte sie während ihrer Studienzeit bereits wichtige Berufserfahrungen sammeln. Weiterbildungen nimmt Angelika gerne mit, wenn sie dazu die Möglichkeit bekommt, und hält sowohl beruflich als auch privat Ausschau nach Möglichkeiten, sich weiterzuentwickeln. Ihr ist jedoch wichtig, dass die Maßnahmen sie inhaltlich auch wirklich ansprechen und weiterbringen. Um sich selbst auf die nächste Stufe zu bringen, möchte Angelika den Arbeitgeber wechseln und mehr Führungsverantwortung übernehmen. Beim Sichten ihrer Unterlagen ist ihr aufgefallen, dass ihr zwei Zertifikate von Lehrgängen abhandengekommen sind und nicht rechtzeitig nachgereicht werden können. Doch diesen Aspekt nimmt sie gelassen: Das Wissen aus den Lehrgängen kann sie bei Fragen abrufen und praktische Beispiele für die Anwendung nennen. Außerdem kann sie durch ihr Arbeitszeugnis nachweisen, dass sie Tätigkeiten mit entsprechendem Know-how bereits ausgeführt hat.*

1. Wer von beiden befindet sich in der Bestätigungsfalle? ........................

.................................................................................................................................

2. Schreiben Sie nun Ihre eigene Persönlichkeitsbeschreibung.

   *Tipp: Oft fällt es schwer, einen Blick von außen auf sich selbst zu werfen. Bitten Sie Familie oder Freunde um eine Einschätzung.*

..................................................................................................................................................

..................................................................................................................................................

..................................................................................................................................................

..................................................................................................................................................

..................................................................................................................................................

..................................................................................................................................................

..................................................................................................................................................

..................................................................................................................................................

..................................................................................................................................................

..................................................................................................................................................

..................................................................................................................................................

..................................................................................................................................................

..................................................................................................................................................

..................................................................................................................................................

..................................................................................................................................................

..................................................................................................................................................

..................................................................................................................................................

..................................................................................................................................................

Grundlagen

**Lektion 8: Wie kann ich mentale Transformation verstehen und auslösen?**

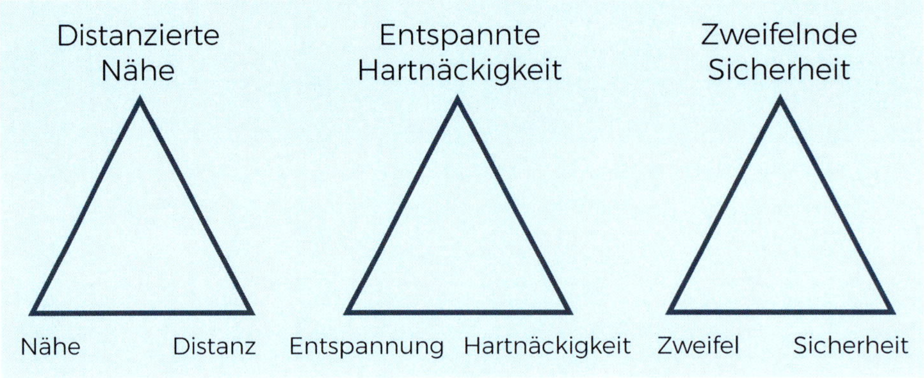


! Veränderungsbereitschaft vorzugeben heißt nicht, veränderungsbereit zu sein.

Auf einer Bewusstseinsebene erscheinen Nähe und Distanz als gegensätzliche Pole. Beispielsweise bin ich entweder nah oder distanziert.
Mentale Transformation bedeutet, dass ich die gegensätzlichen Pole in meinem Bewusstsein auflöse. Aus Nähe oder Distanz wird distanzierte Nähe. Dieses Modell lässt sich auf fast alle Unterscheidungen anwenden.

1. Welches Beispiel passt am besten zu Ihnen – oder gibt es eine Unterscheidung, die Sie vielleicht selbst auf das Transformationsprinzip anwenden könnten?

..............................................................................................................

..............................................................................................................

..............................................................................................................

2. Überlegen Sie nun, wie Sie den Bewusstseinssprung schaffen – und damit einen Transformationsprozess vollziehen. Welchen Aspekt erkennen Sie, der einer Transformation bedarf? Schließlich müssen Sie diesen anerkennen – und dann transformieren, indem Sie den Bewusstseinssprung schaffen.

..............................................................................................................

..............................................................................................................

..............................................................................................................

## Lektion 9: Wie übe ich geistige Flexibilität als tägliches Veränderungstraining?

**Wichtige Unterscheidungen:**

Verstehen
Einverstanden sein

Verstehen
Verstanden werden wollen

Verurteilen
Beurteilen

1. Reflektieren Sie eine Situation, in der Ihre Perspektive und die Ihres Gegenübers sich widersprochen haben. Wann haben Sie die Haltung ihres Gegenübers verurteilt, beurteilt oder bewertet? Mehrere Situationen sind möglich.

2. Reflektieren Sie eine Situation, welche die Unterscheidung von **Flasche und Glas** widerspiegelt. Können Sie im Nachhinein die Perspektive Ihres Gegenübers nachvollziehen, auch wenn Ihre eigene eine andere ist?

*Vertiefen Sie dieses Modul in unserer Online-Lernwelt.*

www.grundl-institut.de/veraenderungskompetenz

## Mentale Transformation:
## Wie entwickle ich mentale Stärke durch eine klare Methodik & Didaktik?

- Lektion 1: Wann funktioniert Weiterbildung? ☐
- Lektion 2: Wie kommen wir unserem Kern näher? ☐



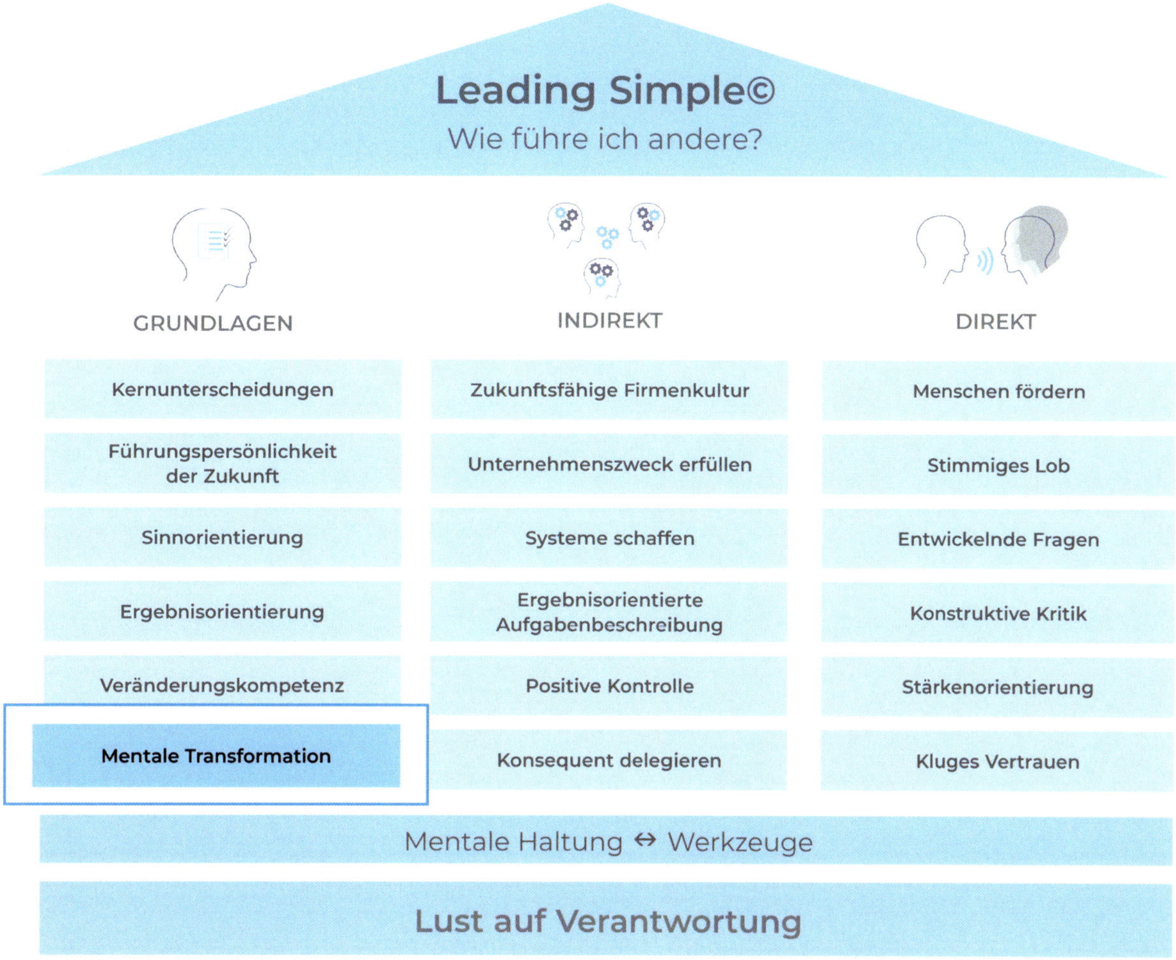

Grundlagen

# Modul: Mentale Transformation

Ein Leader durchläuft bei mentaler Transformation vier Phasen. Ihm ist bewusst, was sein Anteil der Verantwortung an einem unerwünschten Ergebnis ist. Durch das Training mit hochwertigen Unterscheidungen steigert er seine Kompetenz und damit seine Fähigkeit, bessere Ergebnisse zu liefern.

## Lektion 1: Wann funktioniert Weiterbildung?

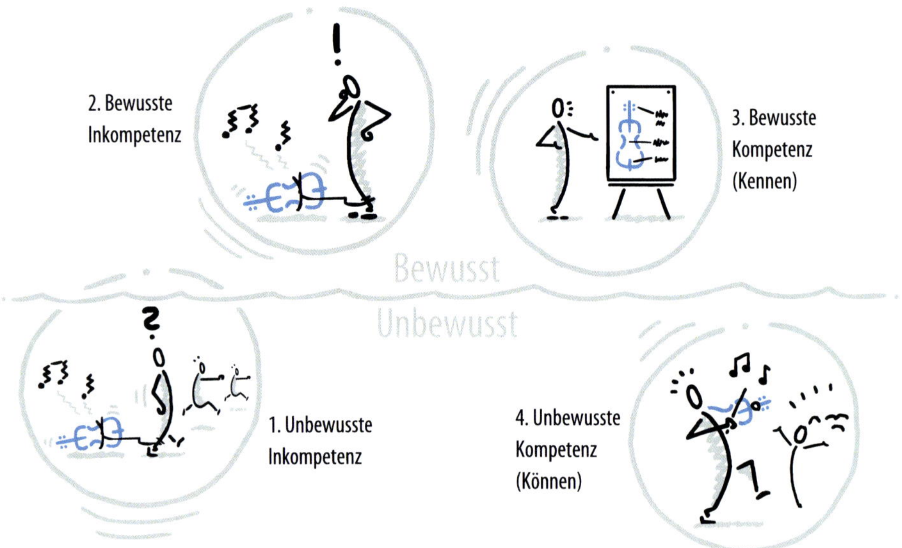


### Übung

1. Machen Sie sich in einem ersten Schritt bewusst, in welchen konkreten Situationen Sie Bestätigung suchen. Stellen Sie sich dazu selbst infrage und versuchen Sie, sich mit den Augen anderer zu sehen. Sind es Situationen im Unternehmen? Betreffen sie vielleicht bestimmte Menschen in Ihrem Umfeld?

..........................................................................................

..........................................................................................

..........................................................................................

..........................................................................................

2. Wenn Sie eine genaue Vorstellung haben, wann und wie genau Sie nach Bestätigung suchen, versuchen Sie nun in einem zweiten Schritt, diese Situationen zu transformieren. Versetzen Sie sich dafür in die Situation eines Neulings, denn genau dieses Mindset brauchen Sie für die notwendige Transformation.

........................................................................................................................................

........................................................................................................................................

........................................................................................................................................

........................................................................................................................................

- Seien Sie neugierig.
- Stellen Sie Fragen.
- Suchen Sie Antworten.

So werden Sie der beste Mensch, der Sie sein können.
So funktioniert inneres Wachstum.

! Das Ergebnis von mentaler Transformation ist, wenn ein Mensch starke Ergebnisse, tiefe Erfüllung und mentale Gesundheit in Einklang bringen kann.

## Lektion 2: Wie kommen wir unserem Kern näher?

**Selbsttest**
Kommen Sie Ihrem Wesen näher – und erhöhen Sie Ihre Wirkung. Ihre Selbsteinschätzung ist gefragt: Wo ordnen Sie Ihre Persönlichkeit in Ihrem aktuellen Entwicklungsstand ein?

...........................................................................................................

...........................................................................................................

...........................................................................................................

...........................................................................................................

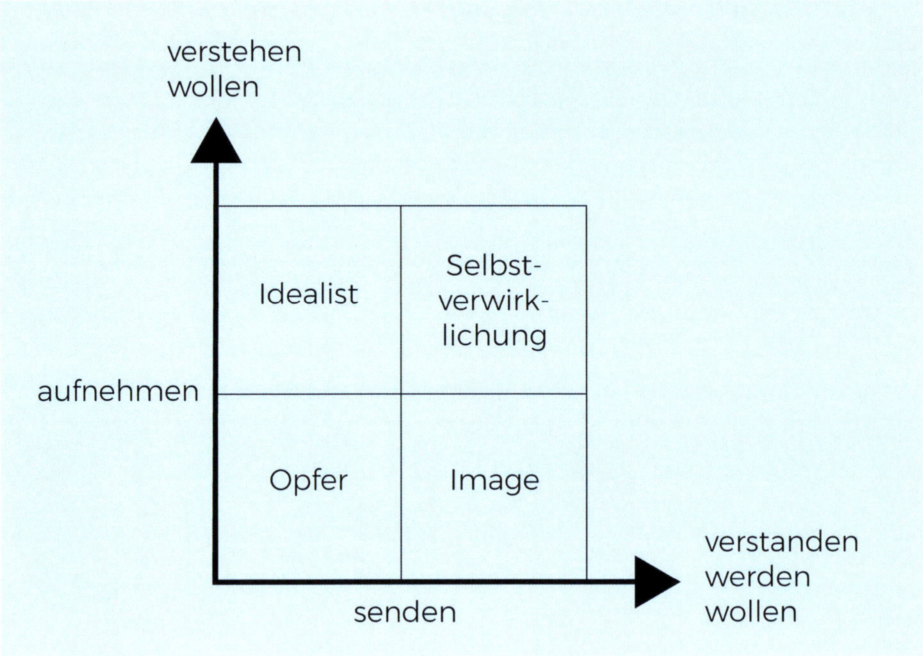

**Woran Sie erkennen, dass Sie beide Pole überwunden haben?**
Sie sind nicht mehr in dem einen oder anderen verhaftet. Sie haben ein tiefes Interesse, das Leben in sich aufzunehmen und sich ihm anzupassen. Doch Sie verlieren sich nicht darin. Sie sind sich Ihrer Eitelkeiten bewusst und müssen sich nicht mehr verstecken. Ihnen ist Ihr Drang nach Bestätigung bewusst. Sie genießen es, wenn die Aufmerksamkeit durch Ergebnisse kommt. Sie rennen ihr nicht mehr hinterher und erzwingen sie nicht. Und fordern Anerkennung nicht mehr ein. Sie können bei Bedarf anpacken und Dinge durchziehen, um sich durchzusetzen. Und Sie können genauso leicht zurücktreten und anderen den Vortritt lassen. Das ist der Zustand der Selbstverwirklichung.



**Übung**
Welche Kräfte zehren an Ihnen?
Betrachten Sie sich einmal von außen. Wann werden Sie von welchen Kräften bestimmt? Schreiben Sie zu jeder Kraft jeweils eine Situation auf.

1. Soziale Erwünschtheit – *Wie ich sein soll*

..........

..........

..........

2. Image – *Wie ich gerne wäre*

..........

..........

..........

3. Selbst – *Wie ich bin*

..........

..........

..........

*Vertiefen Sie dieses Modul in unserer Online-Lernwelt.*

www.grundl-institut.de/menschliche-transformation

# Leading Simple© Indirekt

## Zukunftsfähige Firmenkultur:
**Wie entstehen exzellente Ergebnisse im Alltag durch ein außergewöhnliches Umfeld?**

- Lektion 1: Brennglas | Gießkanne ☐
- Lektion 2: Ergebnisse | Status ☐
- Lektion 3: Verantwortlichkeit | Beliebtheit ☐
- Lektion 4: Klarheit | Sicherheit ☐
- Lektion 5: Auseinandersetzung | Harmonie ☐
- Lektion 6: Vertrauen | Unverletzbarkeit ☐

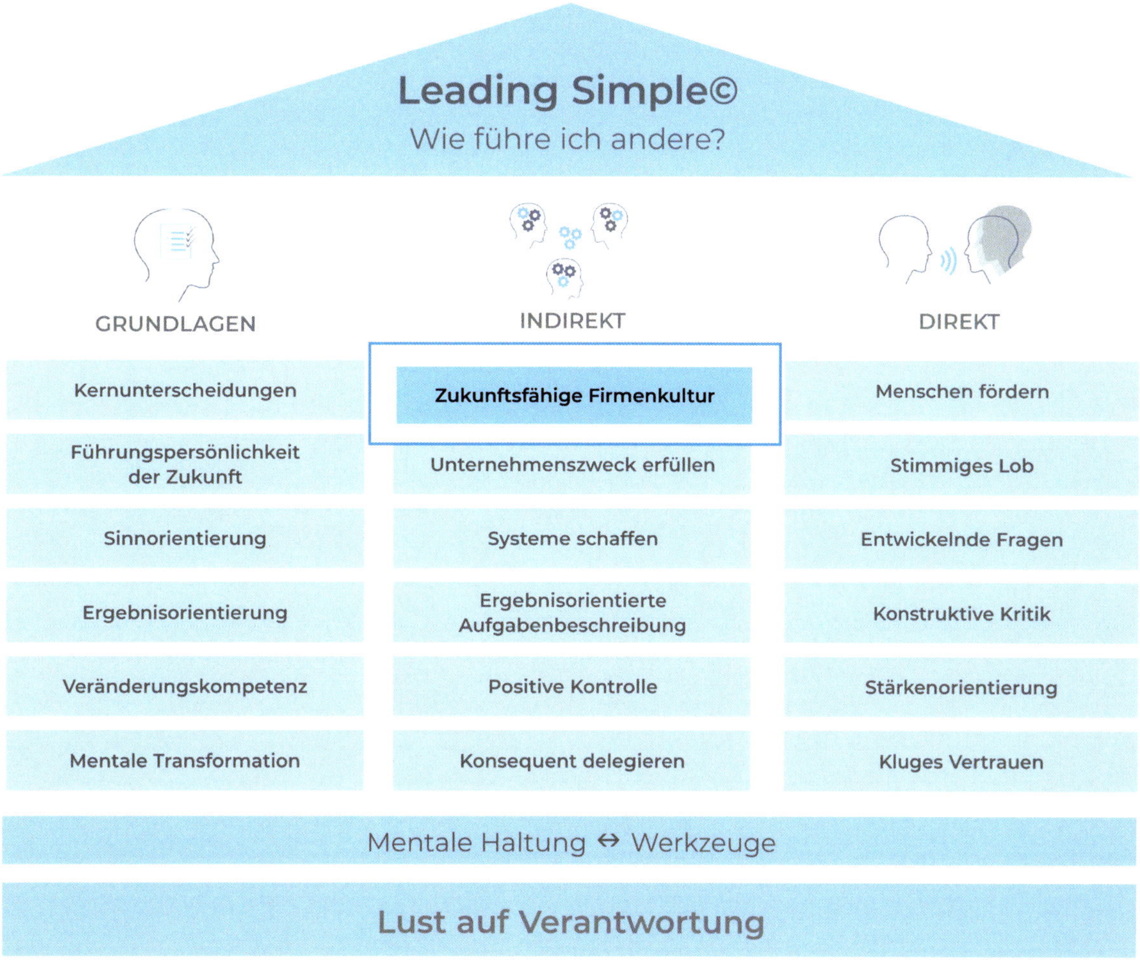

# Modul: Zukunftsfähige Firmenkultur

Die Wirkung einer Firmenkultur kann durch fünf mentale Konflikte im Bewusstsein erfasst und trainiert werden. Je mehr die Top-Leader eines Unternehmens diese Konflikte bewusst wahrnehmen und durch Training transformieren, desto zukunftsfähiger wird die Firmenkultur.

**Lektion 1: Brennglas | Gießkanne**

**Selbsttest**

Damit ein Leader sich seiner oder ihrer wahren Motive bewusst wird, muss er oder sie sich bestimmte Fragen stellen und diese aufrichtig beantworten. Dazu bedarf es Mut und Erkenntnisdrang.

Fragen Sie sich: Welcher der folgenden fünf Motivkonflikte trifft auf mich am meisten zu? Welche dieser fünf Konflikte stehen meinen Mitarbeitenden im Weg?

**1. Was ist Ihnen wichtiger:**

Ergebnisse zu erzielen oder den Status zu erreichen, der mit der Realisierung dieser Ergebnisse einhergeht? Was lieben Sie mehr: Ergebnisse oder Status?

..........................................................................................................

..........................................................................................................

..............................................................................................................................................

..............................................................................................................................................

**2. Welches Bedürfnis steht für Sie im Vordergrund:**
Ihre Mitarbeitenden zur Verantwortung zu führen oder gemocht beziehungsweise gebraucht zu werden? Wer (unbewusst) daran arbeitet, beliebt zu sein, führt seine Mitarbeitenden in die Abhängigkeit.

..............................................................................................................................................

..............................................................................................................................................

..............................................................................................................................................

..............................................................................................................................................

**3. Wo steuern Sie in der Regel hin:**
Zur schnellstmöglichen Klärung von Situationen, oder sichern Sie sich erst einmal ab, um nicht unnötig Staub aufzuwirbeln?

..............................................................................................................................................

..............................................................................................................................................

..............................................................................................................................................

..............................................................................................................................................

**4. Welches dieser Motive dominiert bei Ihnen?**
Der Wunsch nach konstruktiver Auseinandersetzung oder Harmonie um jeden Preis? Was möchten Sie lieber: Auseinandersetzung oder Harmonie?

..............................................................................................................................................

..............................................................................................................................................

........................................................................................................................................................

........................................................................................................................................................

**5. Wie geben Sie sich?**
Versuchen Sie, ein (überzogenes) Bild der Stärke zu vermitteln, oder geben Sie sich offen und angreifbar? Zeigen Sie sich unverletzbar oder voller Vertrauen?

*Leader sind authentisch. Sie wissen um ihre stimmigen Stärken und Schwächen. Sie verstecken ihre Sensibilität nicht hinter einer Mauer der Unantastbarkeit. Sie öffnen sich, obwohl sie wissen: Die nächste Verletzung ist schon unterwegs.*

........................................................................................................................................................

........................................................................................................................................................

........................................................................................................................................................

........................................................................................................................................................

**Übung**
Wenden Sie Ihre Erkenntnisse an.

1. Notieren Sie Ihren Konflikt auf einem Merkzettel und kleben Sie ihn an eine Stelle, die Sie häufig sehen, zum Beispiel auf den Rand des PC-Monitors.

2. Reflektieren Sie so oft wie möglich darüber, welche Motive Sie wann gesteuert haben.

3. Bemühen Sie sich, einen immer klareren Blick auf Ihre Motive im Alltag zu bekommen. Vorsicht: Eine negative Bewertung Ihrer wahren Motive führt zu deren unbewusster Verstärkung.

4. Je klarer und wertfreier Ihre Wahrnehmung wird, desto leichter können Sie Ihre Motive verändern.

**Lektion 2: Ergebnisse | Status**

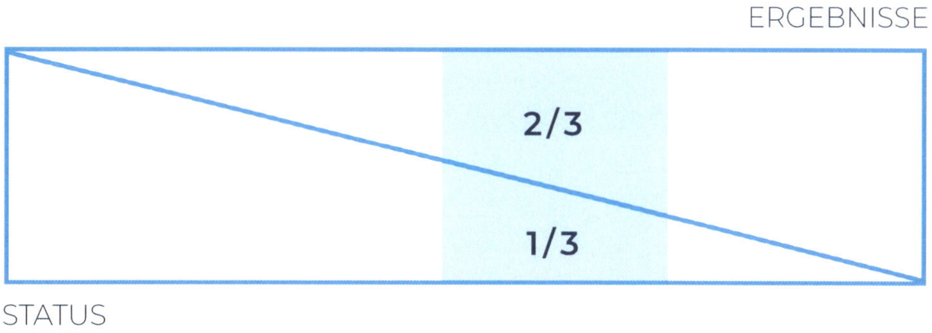


Ich lerne schrittweise, Ergebnisse und Wirkung mehr zu lieben als die Bestätigung, die ich dafür bekomme.

**Bezug: Selbst**

1. Wann ist mir äußere Anerkennung besonders wichtig?

.................................................................................................................................

.................................................................................................................................

.................................................................................................................................

.................................................................................................................................

2. Wie reagiere ich, wenn ich diese Anerkennung nicht erhalte?

.................................................................................................................................

.................................................................................................................................

.................................................................................................................................

.................................................................................................................................

!

Werden Ergebnisse emotional höher gewertet als der Wunsch nach Statusbefriedigung, entsteht „Lust auf Ergebnisse" im Unternehmen.

Indirekt

 

3. Welches Bedürfnis steckt hinter dieser Reaktion?

.......................................................................................................

.......................................................................................................

.......................................................................................................

.......................................................................................................

4. Wie kann ich mir dieses Bedürfnis auf einem anderen Weg erfüllen?

.......................................................................................................

.......................................................................................................

.......................................................................................................

.......................................................................................................

**Bezug: Andere**

5. Welchen äußeren Bezugsrahmen der Anerkennung erwarte ich von anderen?

.......................................................................................................

.......................................................................................................

.......................................................................................................

.......................................................................................................

6. Wie reagiere ich, wenn mein Gegenüber meine Erwartungen nicht erfüllt?

.......................................................................................................................................

.......................................................................................................................................

.......................................................................................................................................

.......................................................................................................................................

7. Welches Bedürfnis steckt dahinter?

.......................................................................................................................................

.......................................................................................................................................

.......................................................................................................................................

.......................................................................................................................................

8. Wie kann es mir gelingen, mich wieder auf Ergebnisse zu fokussieren?

.......................................................................................................................................

.......................................................................................................................................

.......................................................................................................................................

.......................................................................................................................................

### Lektion 3: Verantwortlichkeit | Beliebtheit

VERANTWORTLICHKEIT

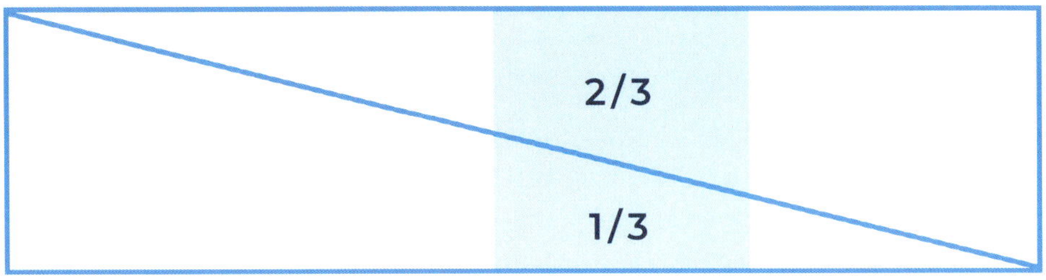


BELIEBTHEIT

Ich lerne schrittweise, dass es besser ist, andere zur Verantwortung zu führen, als selbst beliebt zu sein.

! Wem Verantwortung wichtiger ist, als „beliebt zu sein“ oder „gut vor anderen dazustehen“, der sorgt für „Lust auf Verantwortung“ in seinem Umfeld.

Indirekt

**Bezug: Selbst**

1. In welchen Situationen und bei welchen Personen möchte ich besonders beliebt sein?

..............................................................................................................................

..............................................................................................................................

..............................................................................................................................

..............................................................................................................................

2. Was sage ich in diesen Situationen? Was sage ich bewusst nicht? Wie verhalte ich mich?

..............................................................................................................................

..............................................................................................................................

..............................................................................................................................

..............................................................................................................................

3. Welche Auswirkungen hat mein Verhalten auf meine Führungsqualität?

................................................................................

................................................................................

................................................................................

................................................................................

4. Welche Folgen meines Strebens nach Beliebtheit sind in meinem Alltag sichtbar?

................................................................................

................................................................................

................................................................................

................................................................................

5. Welches Bedürfnis steckt dahinter? Wovor habe ich Angst?

................................................................................

................................................................................

................................................................................

................................................................................

6. Wie kann ich mich auf einem anderen Weg beliebt fühlen und gleichzeitig andere mehr in Verantwortung bringen?

........................................................................................................................................

........................................................................................................................................

........................................................................................................................................

........................................................................................................................................

**Bezug: Andere**

7. Welche Auswirkungen hat es, wenn ich andere nicht in die Verantwortung führe?

........................................................................................................................................

........................................................................................................................................

........................................................................................................................................

........................................................................................................................................

8. Wie wirke ich in meiner Führungsrolle auf andere?

........................................................................................................................................

........................................................................................................................................

........................................................................................................................................

........................................................................................................................................

9. Was habe ich davon, wenn ich andere in ihre Verantwortung führe?

........................................................................................................................................................

........................................................................................................................................................

........................................................................................................................................................

........................................................................................................................................................

10. Was steht mir bei anderen noch im Weg, um sie mehr in Verantwortung zu bringen?

........................................................................................................................................................

........................................................................................................................................................

........................................................................................................................................................

........................................................................................................................................................

11. Wie kann ich dieses gefühlte Hindernis umgehen?

........................................................................................................................................................

........................................................................................................................................................

........................................................................................................................................................

........................................................................................................................................................

**Lektion 4: Klarheit | Sicherheit**

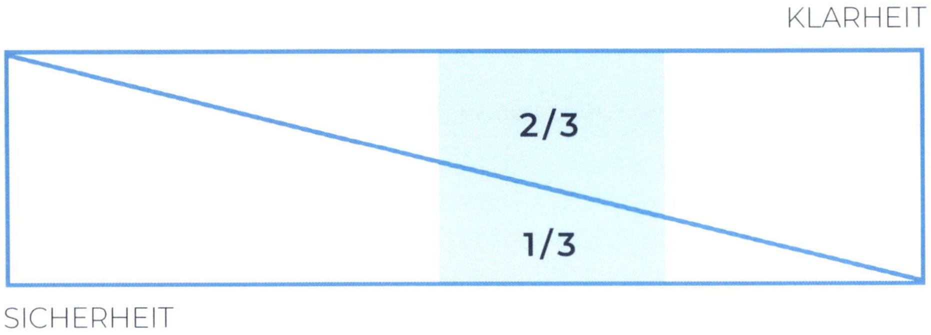


Ich lerne schrittweise – durch konsequentes Streben nach Klarheit –, immer mehr psychologische Sicherheit zu erleben.

! Wem Klarheit vor Sicherheit geht, der sorgt für eine kreative, nach vorne gerichtete Kultur voller Möglichkeiten und Chancen.

**Bezug: Selbst**

1. In welchen Situationen sichere ich mich besonders ab?

2. Was ist der Grund dafür?

Indirekt

3. Wie kann es mir gelingen, auch in unsicheren Situationen Entscheidungen zu treffen und das Ergebnis zu fokussieren? Was brauche ich dazu?

..............................

..............................

..............................

..............................

**Bezug: Andere**

4. Welche Auswirkungen hat mein Sicherheitsbedürfnis auf andere?

..............................

..............................

..............................

..............................

5. Welche Auswirkungen hat mein Sicherheitsbedürfnis auf die Ergebnisse meines Einflusskreises?

..............................

..............................

..............................

..............................

6. Welche Auswirkungen hat mein Sicherheitsbedürfnis auf das Unternehmensergebnis?

..............................................................................................................................................

..............................................................................................................................................

..............................................................................................................................................

..............................................................................................................................................

7. Welche Rahmenbedingungen brauche ich, um klarer zu sehen und zu arbeiten?

..............................................................................................................................................

..............................................................................................................................................

..............................................................................................................................................

..............................................................................................................................................

8. Was ist mein erster Schritt, um diese Rahmenbedingungen zu schaffen?

..............................................................................................................................................

..............................................................................................................................................

..............................................................................................................................................

..............................................................................................................................................

## Lektion 5: Auseinandersetzung | Harmonie

AUSEINANDERSETZUNG

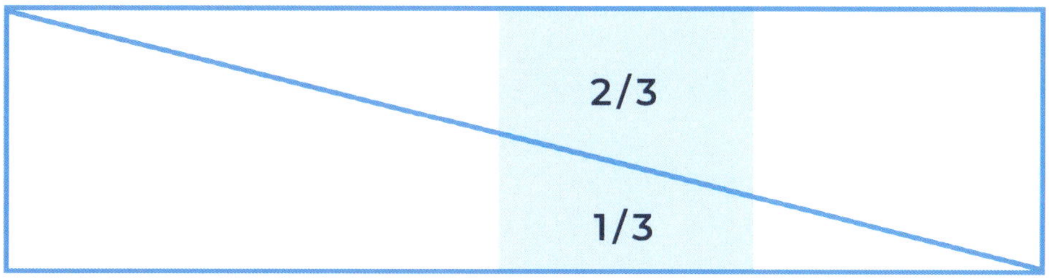


HARMONIE

Ich lerne schrittweise, wie durch passende Auseinandersetzungen eine viel stimmigere Harmonie im Team entsteht.

### Bezug: Selbst

1. Was verbinde ich mit dem Begriff Auseinandersetzung? Wie wirken Auseinandersetzungen heute auf mich?

2. Welcher Mythos hält mich heute noch davon ab, in die Auseinandersetzung zu gehen?

!

Wem Auseinandersetzung in der Sache wichtiger ist als die Sucht nach Harmonie, der sorgt für eine passende Reibung, die die Entwicklung aller fördert.

3. Bei welchem Personenkreis (Hierarchiestufe) und in welchen Situationen fällt es mir besonders schwer, in die Auseinandersetzung zu gehen?

.........................................................................................................

.........................................................................................................

.........................................................................................................

.........................................................................................................

4. Warum fällt es mir in diesen Situationen schwer?

.........................................................................................................

.........................................................................................................

.........................................................................................................

.........................................................................................................

5. Wie habe ich Auseinandersetzungen in der Vergangenheit bereits erfolgreich gemeistert?

.........................................................................................................

.........................................................................................................

.........................................................................................................

.........................................................................................................

**Bezug: Andere**

6. Was verbindet mein Team mit dem Begriff Auseinandersetzung? Wie laufen Auseinandersetzungen heute im Team ab?

..........

..........

..........

..........

7. Welche Mythen dominieren unser Team und halten uns davon ab, mehr in die Auseinandersetzung zu gehen?

..........

..........

..........

..........

8. Bei welchen Themen fällt uns das besonders schwer?

..........

..........

..........

..........

9. Welche Auswirkungen hätte eine nach der Auseinandersetzung entstehende Klarheit auf unsere Arbeit?

........................................................................................................................

........................................................................................................................

........................................................................................................................

........................................................................................................................

10. Wie haben wir Auseinandersetzungen in der Vergangenheit bereits erfolgreich gemeistert?

........................................................................................................................

........................................................................................................................

........................................................................................................................

........................................................................................................................

## Lektion 6: Vertrauen | Unverletzbarkeit

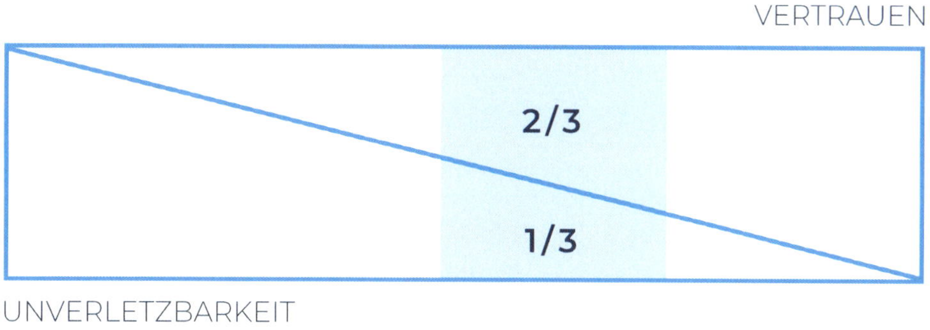


Ich weiß, dass ich immer wieder verletzt werde, und öffne mich trotzdem. Ich lerne immer mehr, klug und wach zu vertrauen. Nicht zu viel, nicht zu wenig.

### Bezug: Selbst

1. In welchen Situationen möchte ich unverwundbar wirken?

2. In welchen Situationen fällt es mir leicht, mich verletzlich zu zeigen?

**!** Wer lernt, „klug zu vertrauen“, obwohl er weiß, dass er immer wieder verletzt und enttäuscht wird, der erschafft eine fördernde Vertrauenskultur.

3. Wo liegt für mich der Unterschied zwischen den Situationen?

..................................................................................................

..................................................................................................

..................................................................................................

..................................................................................................

4. Was könnten die Auswirkungen sein, wenn ich mich fehlbar oder verwundbar zeige?

..................................................................................................

..................................................................................................

..................................................................................................

..................................................................................................



**Bezug: Andere**

5. Wie wirke ich auf andere, wenn ich mich unverletzbar zeige?

..................................................................................................

..................................................................................................

..................................................................................................

..................................................................................................

6. Was habe ich davon? Was fehlt mir dadurch?

..................................................................................................

..................................................................................................

7. Welchen beziehungsweise wessen Erwartungen möchte ich entsprechen?

8. Welche Auswirkungen hat meine scheinbare Unverletzbarkeit auf die Beziehungen in meinem Umfeld?

9. Welche Bedürfnisse müssen erfüllt sein, damit ich mich mehr auf andere einlasse?



*Vertiefen Sie dieses Modul in unserer Online-Lernwelt.*

www.grundl-institut.de/brennglas-giesskanne

## Unternehmenszweck erfüllen:
## Wie gewinne ich Mitarbeitende & Kunden durch eine sinnvolle Vision, Mission und Positionierung?

Lektion 1: Woraus besteht der Unternehmenszweck und was bewirkt er? ☐
Lektion 2: Welche Bedeutung hat der Wesenskern und wie finde ich ihn? ☐
Lektion 3: Welche Bedeutung hat die Mission und wie komme ich dahin? ☐
Lektion 4: Welche Aufgaben haben die Leitlinien und wie definiere ich sie? ☐
Lektion 5: Was bedeutet Positionierung von Unternehmen, Produkten und Menschen? ☐
Lektion 6: Wie entwickle ich meine Positionierung? ☐
Lektion 7: Wie entwickle ich meine Positionierung ständig weiter? ☐

**Zusatzinhalte:**

101 Positionierungsfragen für Ihren Unternehmenszweck ☐

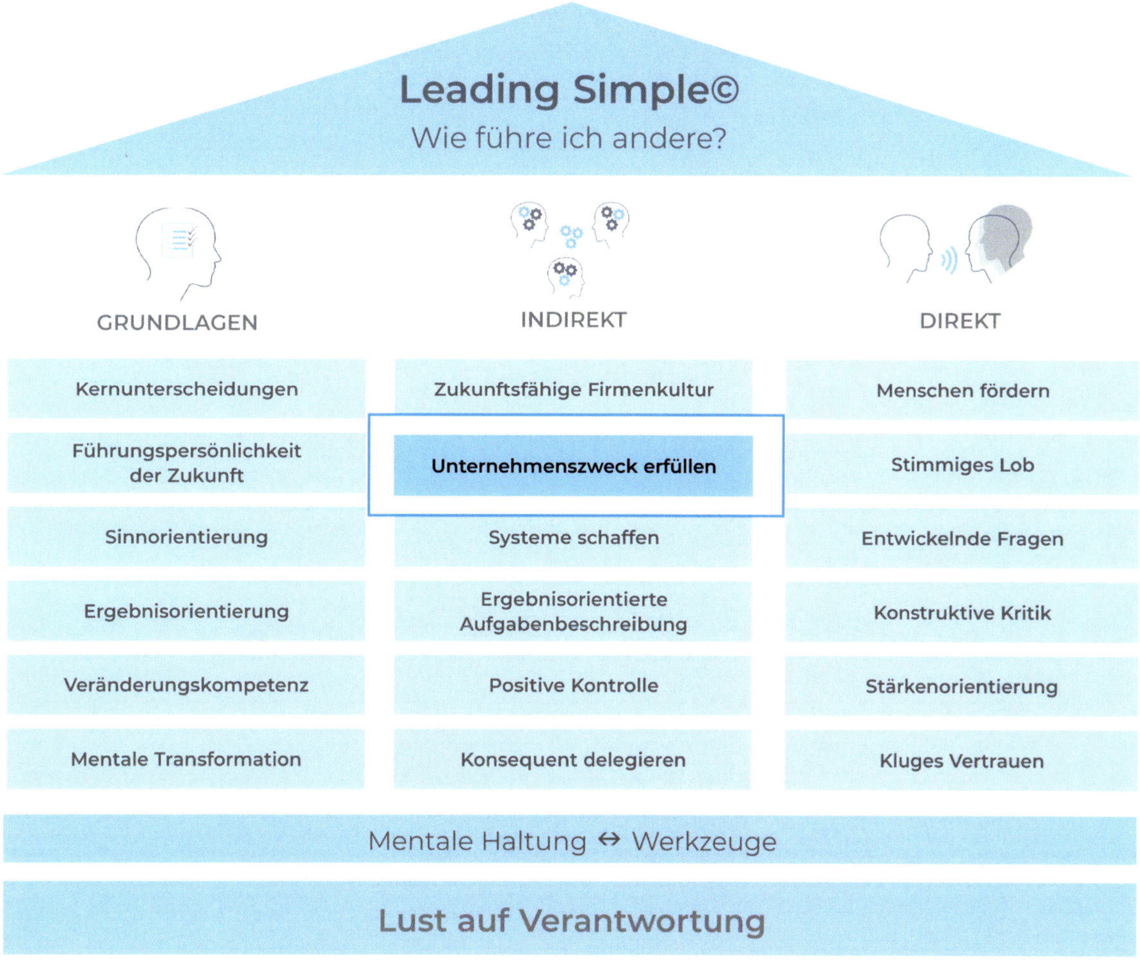

# Modul: Unternehmenszweck erfüllen

Der Unternehmenszweck verbindet die Sinnhaftigkeit des Unternehmens mit seiner Profitabilität. Er besteht aus der Vision, der Mission, den Leitlinien und der Positionierung.
Der Unternehmenszweck ermöglicht Identifikation für Kunden sowie Mitarbeitende. Dabei gibt er eine klare Orientierungshilfe bei Entscheidungen.

1. Vision:
   **Warum gibt es das Grundl Leadership Institut?**

   Wir befähigen Menschen – welche mental wachsen wollen – dazu, dass sie die Besten werden, die sie sein können.

2. Mission:
   **Was bewirken wir für unsere Kunden?**

   Wir erhöhen das Verantwortungsbewusstsein von Menschen durch eine klare Systematik. Die Führungskompetenz auf allen Ebenen verbessert sich und eine zukunftsfähige Firmenkultur entsteht.

3. Leitlinien:
   **Wie erreichen wir das?**

   Wir erforschen und lehren hochwertige Unterscheidungen, damit die Wirkung eines Menschen zu seinem besten Lehrer wird. Wir sind ein mentales Fitnessstudio mit sehr effektiven Trainingsmethoden (Unterscheidungen).

1. Geistige Differenzierungsfähigkeit ermöglicht klares Denken und sorgt für psychische Widerstandsfähigkeit. Erfolg, Erfüllung und mentale Gesundheit gehen Hand in Hand. Höhere Selbstwirksamkeit und Selbstfunktionalität ermöglichen agileres Denken und Arbeiten.

Indirekt

2. Diese Differenzierungsfähigkeit entsteht durch die Anwendung hochwertiger Unterscheidungen, welche als Grundtätigkeiten des Denkens definiert werden. Die Ursachen schwacher Ergebnisse (unbewusste Inkompetenz) werden sichtbar (bewusste Inkompetenz) und durch eine klare Systematik trainierbar (bewusste Kompetenz). Eine hohe Umsetzungsintensität (digital und persönlich) sorgt für den Transfer in die Praxis (unbewusste Kompetenz). So entsteht menschliche Transformation.

3. Unsere Inhalte geben kraftvolle Antworten auf die Fragen: *Wie führe ich mich selbst?* (Steh auf©), *Wie führe ich Gespräche?* (Kraft der Sprache©) und *Wie führe ich andere?* (Leading Simple©).

4. Dadurch können wir mentale Haltungen (als Voraussetzung) und die dazu passenden Werkzeuge aufeinander abstimmen und wirkungsvoll umsetzen.

5. Alle Inhalte sind modular durch Unterscheidungen definiert, publiziert und digitalisiert. Dadurch ergibt sich eine völlig flexible Lernwelt und Anpassung an jeden Kundenwunsch. Egal ob online oder vor Ort. Ob bei offenen Seminaren oder inhouse. Wahlweise in Deutsch und Englisch.

6. Das Ganze wird durch eine fundierte Wertediagnostik abgerundet. Wir sind in der Lage, Verantwortungsqualität, Führungskompetenz und die Lerntiefe von Inhalten valide abzubilden. Diese hohe Feedbackqualität ermöglicht ein systematisches Entwicklungsprogram für Verantwortungsträger, auch über Distanz. Auf Wunsch mit persönlicher Umsetzungshilfe.

7. Wir streben langfristige, ernsthafte Partnerschaften auf Augenhöhe an. Wir passen zu Menschen und Organisationen, die wirklich Lust auf mentales Wachstum haben und die dafür notwendige geistige Anstrengung auch suchen und wollen. Nur dann macht es für beide Seiten Sinn.

### Lektion 1: Woraus besteht der Unternehmenszweck und was bewirkt er?

**Vision**: Das ist der Wesenskern des Unternehmens und ermöglicht Mitarbeitenden die Identifikation mit dem Unternehmen.

**Mission**: So will das Unternehmen von Kunden gesehen werden. Die gewünschte Zielgruppe kann sich damit identifizieren.

**Leitlinien**: Sie beschreiben, wie Vision und Mission umgesetzt werden. Sie geben dafür eine allgemeine Orientierung.

**Positionierung**: Die Positionierung hilft bei der Umsetzung von Leitlinien und bei der Adaption durch die jeweiligen Zielgruppen.

1. Wie lautet die Vision Ihres Unternehmens? Wie klar ist Ihnen und Ihren Mitarbeitenden diese?

   ........................................................................................................

2. Wie lautet die Mission Ihres Unternehmens? Wie klar ist Ihnen und Ihren Mitarbeitenden diese?

   ........................................................................................................

3. Wie lauten die Leitlinien Ihres Unternehmens? Wie klar sind Ihnen und Ihren Mitarbeitenden diese?

   ........................................................................................................

**Übung:** Wie klar sind Vision, Mission, Leitlinien und Positionierung für Ihre Kundinnen und Kunden? Erstellen Sie Leitfragen, anhand derer Sie dies ermitteln können, und listen Sie Ideen auf, wie Sie dies möglicherweise verbessern können. Notieren Sie Ihre Antworten.

..........................................................................................................

..........................................................................................................

..........................................................................................................

..........................................................................................................

..........................................................................................................

..........................................................................................................

..........................................................................................................

### Lektion 2: Welche Bedeutung hat der Wesenskern und wie finde ich ihn?

1. Wollen Sie mental wachsen und sind Sie bereit, sich geistig anzustrengen? Begründen Sie Ihre Antwort!

   ☐ Ja ☐ Nein, weil ............................................................

2. Was ist Ihre Daseinsberechtigung als Unternehmen sowie die Ihrer Produkte? Anders gefragt: Was haben andere davon, dass es Ihr Unternehmen und Ihre Produkte gibt?

   ............................................................

   ............................................................

3. Wird es diese in zehn oder zwanzig Jahren immer noch geben und welche Maßnahmen können Sie ergreifen, um das sicherzustellen?

   ............................................................

   ............................................................

4. Füllen Sie aus: Wo wollen Sie in (...) Jahren mit Ihrem Unternehmen stehen?

   5 ............................................................

   10 ............................................................

   20 ............................................................

5. Wofür steht Ihr Unternehmen und warum arbeiten Sie dort? Nennen Sie mindestens drei Gründe.

.................................................................................................................................

.................................................................................................................................

.................................................................................................................................

.................................................................................................................................

6. Würden Sie Ihrem Job auch bei geringerer Bezahlung nachgehen? Begründen Sie bitte.

.................................................................................................................................

.................................................................................................................................

.................................................................................................................................

.................................................................................................................................

.................................................................................................................................

.................................................................................................................................

## Lektion 3: Welche Bedeutung hat die Mission und wie komme ich dahin?

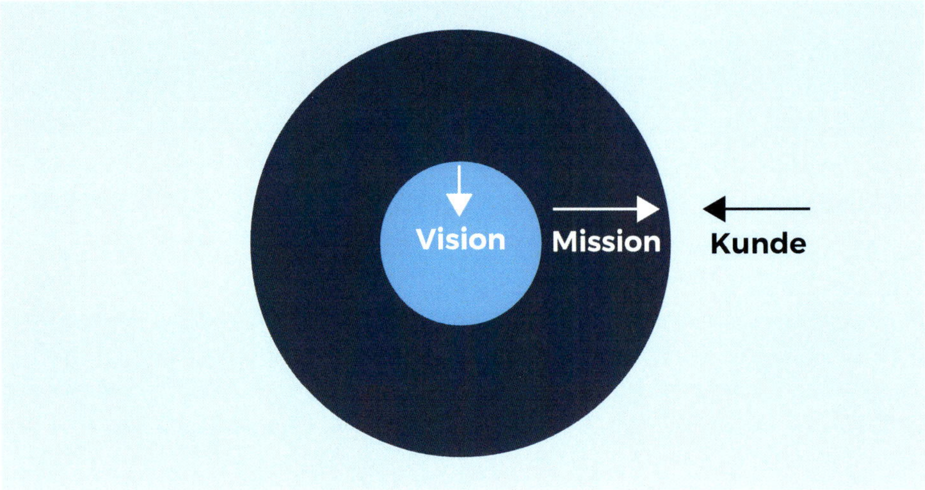


!
Was ein anderer wahrnimmt, wird für ihn zur Wahrheit.

Wie sieht Ihre Unternehmensmission aus? Beantworten Sie für sich die folgenden Fragen, um sich Ihrer Mission anzunähern:

1. Welchen Nutzen bringen Sie anderen Menschen?

.............................................................................................................

.............................................................................................................

2. Welchen Nutzen erbringen Ihre Produkte?

.............................................................................................................

.............................................................................................................

3. Welchen Nutzen bringt Ihr Unternehmen Ihren Kund/-innen?

.............................................................................................................

.............................................................................................................

Indirekt

4. Ist der Nutzen für Ihre Kund/-innen sichtbar?

.......................................................................................................

.......................................................................................................

5. Können Ihre Kund/-innen sich mit Ihrem Unternehmen identifizieren?

.......................................................................................................

.......................................................................................................

6. Wie wollen Sie von Ihren Kund/-innen wahrgenommen werden?

.......................................................................................................

.......................................................................................................

7. Warum sollten Ihre Kund/-innen Ihnen ihr Vertrauen und ihre Loyalität schenken?

.......................................................................................................

.......................................................................................................

**8. Nähern Sie sich der Unterscheidung von Selbst- und Fremdbild an:**

a) Nennen Sie drei Eigenschaften, die Ihr Unternehmen Ihrer Meinung nach einzigartig machen.

Notieren Sie Ihre Antwort.

.......................................................................................................

.......................................................................................................

.......................................................................................................

.......................................................................................................

a) Schätzen Sie Ihre Wirkung auf andere ein. Bitten Sie anschließend eine andere Person, Ihre Wirkung auf andere einzuschätzen. Stimmen Selbstbild und Fremdbild überein?

..................................................

..................................................

..................................................

..................................................

..................................................

Selbstbild

..................................................

..................................................

..................................................

..................................................

..................................................

Fremdbild

..................................................

..................................................

..................................................

..................................................

..................................................

## Lektion 4: Welche Aufgaben haben die Leitlinien und wie definiere ich sie?

1. Definieren Sie die Werte, an denen Sie Ihr Handeln ausrichten. Welche sind das?

.............................................................................................................................................

.............................................................................................................................................

.............................................................................................................................................

2. Haben Sie klar definierte Leitsätze, die Ihnen Orientierung bieten? Falls ja, wie lauten diese? Auch ein Lebensmotto kann als Leitlinie fungieren. Falls Sie keins haben – definieren Sie eines!

.............................................................................................................................................

.............................................................................................................................................

.............................................................................................................................................

.............................................................................................................................................

### Lektion 5: Was bedeutet Positionierung von Unternehmen, Produkten und Menschen?

**!** Nicht posieren, sondern positionieren!
Talente sollten zu Stärken umgeformt werden! Talente zu stärken, ist Fleiß. Stärken zu positionieren, ist Kunst.

**Checkliste:** Positionieren Sie Ihr Unternehmen und fragen Sie sich:

Sind wir ...

- ☐ **anders?** – Was gibt es nur bei uns?
- ☐ **außergewöhnlich?** – Welche unserer Produkte und Dienstleistungen sind unvergleichlich?
- ☐ **Erster?** – Gibt es eine Zielgruppe für unsere Produkte oder Dienstleistungen?
- ☐ **in der Kategorie Erster?** – Wie sieht die Zielgruppe der Kategorie aus?
- ☐ **spitz und breit?** – Wie sichtbar ist unsere primäre Produktpalette?
- ☐ **hochwertig?** – Haben wir ein passendes Preismodell und eine Verhandlungsstrategie?

Fragen Sie sich auch: Gibt es ...

- ☐ **ein Grundbedürfnis für unser Produkt?** – Wer sind die Entscheider?
- ☐ **eine klare Zielgruppe?** – Wie sieht der ideale Kunde aus?
- ☐ **ein tiefes Problem?** – Was ist der Hauptnutzen, der auf ein Grundbedürfnis einzahlt?
- ☐ **Pläne, darüber zu reden?** – Wie kann unser Produkt sichtbarer werden?

1. Welche der Ziele verfolgt Ihr Unternehmen bereits und welche fehlen noch bei Ihnen?

.......................................................................................................

.......................................................................................................

.......................................................................................................

.......................................................................................................

2. Verfolgt Ihr Unternehmen noch andere Ziele, die nicht genannt wurden? Notieren Sie diese bitte.

.............................................................................................................................................

.............................................................................................................................................

.............................................................................................................................................

.............................................................................................................................................

3. Welche Schritte können Sie unternehmen, um Ihre „Sogwirkung" zu erhöhen?

.............................................................................................................................................

.............................................................................................................................................

.............................................................................................................................................

.............................................................................................................................................

## Lektion 6: Wie entwickle ich meine Positionierung?

1. Ordnen Sie die folgenden Begriffe nach Bedeutsamkeit in die Pyramide ein. Wo würden Sie sich und Ihr Unternehmen einordnen? Und warum?

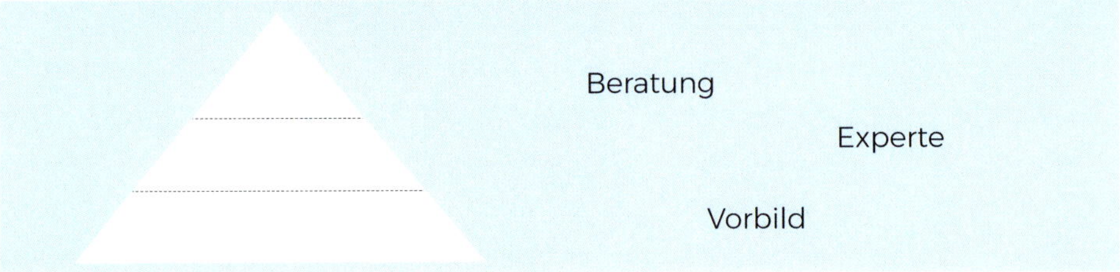


2. Wie ist Ihr Unternehmen, Ihr Produkt oder Ihre Idee positioniert?

3. Was motiviert Sie, Ihrer Arbeit nachzugehen?

**Lösung:**
oben: Vorbild, mitte: Experte, unten: Berater

## Lektion 7: Wie entwickle ich meine Positionierung ständig weiter?

Nutzen Sie unsere 101 Positionierungsfragen für eine glasklare Mission, Vision & Positionierung.

1. Warum müssen wir unsere Positionierung weiterentwickeln?

   ..................................................................................................................................

   ..................................................................................................................................

   ..................................................................................................................................

   ..................................................................................................................................

2. Was ist Ihr persönlicher nächster Schritt der Weiterentwicklung?

   ..................................................................................................................................

   ..................................................................................................................................

   ..................................................................................................................................

   ..................................................................................................................................

   ..................................................................................................................................

**Zusatzinhalte:**
**101 Positionierungsfragen für Ihren Unternehmenszweck**

Bitte beantworten Sie die 101 Positionierungsfragen auf einem separaten Blatt Papier. Haken Sie die beantworten Fragen in Ihrem Workbook ab.

**Anziehungskraft im Markt**
Wie Sie eine Sogwirkung auf Ihre Zielgruppe erreichen

**Aufbau + Stärkung Ihrer Position: 101 Fragen**
Die wichtigste Frage vorweg: Wie können Sie sicherstellen, alle Fragen so gut wie möglich zu beantworten – und wieder von vorne anzufangen, bis Sie fertig sind?

a) Wann werden Sie sich regelmäßig eine störungsfreie Zeit dafür blocken?
b) Wer kann mit Ihnen denken?

1. ☐ Was sind die Vorteile Ihres Produktes bzw. Ihrer Dienstleistung?
   ☐ Warum sollte jemand bei Ihnen kaufen?

2. ☐ Können Sie in einem Satz formulieren, warum jemand bei Ihnen kaufen sollte?

3. ☐ Warum kaufen die Leute nicht bei Ihnen?

4. ☐ Wer sind Ihre Konkurrenten? Und wer sind Ihre 3 erfolgreichsten Konkurrenten?

5. ☐ Wie kommen Ihre Konkurrenten zu ihren Kunden?
   ☐ Speziell: Wie kommen Ihre 3 erfolgreichsten Konkurrenten zu ihren Kunden?

6. ☐ Was sind die wichtigsten Unterschiede von Ihnen zu Ihren Mitbewerbern?
   ☐ Was macht Sie anders?

Indirekt

7. ☐ Was ist Ihr einzigartiger, wichtigster Vorteil? (Achtung: Hier sind Vorteile angesprochen, nicht Merkmale. Merkmale zählen Eigenschaften auf. Vorteile erklären, was der Kunde von diesen Eigenschaften hat – den Nutzen.)

8. ☐ Was ist der Nutzen des Nutzens? Was ist der Vorteil des Vorteils? (Nutzen: Was hat der Kunde davon? Nutzen des Nutzens: Und was hat der Kunden davon – von dem Nutzen?)

9. ☐ Was halten Ihre Kunden für den Hauptvorteil?

10. ☐ Wann haben Sie darüber zum letzten Mal mit einem Ihrer Kunden gesprochen? Wie können Sie jetzt 2 bis 3 Termine mit guten Kunden legen?

11. ☐ Was ist Ihrer Meinung nach Ihre größte persönliche Stärke?

12. ☐ Was ist in den Augen Ihrer Kunden Ihre größte Stärke?
    ☐ Woher wissen Sie das?

13. ☐ Was war (konkret!) der wichtigste Grund Ihrer besten Kunden, sich an Sie zu wenden?
    (Haben Sie das schriftlich?)

14. ☐ Warum bleiben Ihre Kunden bei Ihnen? Warum genau?

15. ☐ Warum bleiben Ihre Kunden nicht bei Ihnen?
    ☐ Können Sie etwas daran ändern?
    ☐ Wollen Sie etwas daran ändern?

16. ☐ Was tun Sie, obwohl es nicht zu Ihrer persönlichen Stärke gehört?

17. ☐ Welche Lösungen gibt es für die mögliche Aufzählung unter Frage 16?

18. ☐ Sind Sie sicher, dass Sie keine Angst vor großem Erfolg haben? (Jede Art von Erfolg hat ihren Preis.)

19. ☐ Antworten Sie spontan: Mit welchen Kunden erzielen Sie die besten Ergebnisse?

20. ☐ Warum kaufen diese Kunden bei Ihnen und nicht bei anderen?

21. ☐ Wer könnte Sie an Kunden weiterempfehlen?

22. ☐ Haben Sie eine Kollektion von schriftlichen Testimonials (= schriftliches Lob Ihrer Kunden)?
    ☐ Wer kann Ihnen mit professionellen Referenzen dienen?
    ☐ Wen könnten Sie beauftragen, diese Sammlung zu erstellen?

23. ☐ Wer hat ein erfolgreiches und positives Verhältnis mit den Kunden, die Sie gerne hätten?

24. ☐ Wer könnte Ihre optimalen Kunden erreichen?

25. ☐ Aus Ihrer Sicht: Welche Kunden mögen Sie am meisten?
    ☐ Mit welchen erzielen Sie die besten Ergebnisse?

26. ☐ Haben Sie Ihre Kunden befragt, wie Sie am besten werden sollten und könnten?
    ☐ a) Wo würden Ihre Kunden gerne etwas über Ihr Produkt hören?
    ☐ b) Was würden Ihre Kunden gerne über Ihr Produkt hören?
    ☐ c) Wie würden Ihre Kunden am liebsten etwas über Ihr Produkt hören?
    ☐ d) Wie oft würden Ihre Kunden gerne etwas über Ihr Produkt hören?

27. ☐ Ihre Kunden kennen Sie selbst am besten. Und sie sind Ihre besten Unternehmensberater. Nutzen Sie Ihre Kunden. Stellen Sie ihnen intelligente Fragen:
    ☐ a) Wie würden Sie Kunden gewinnen?
    ☐ b) Wie würden Sie die Vorteile hervorheben?
    ☐ c) Wie würden Sie die Angebote verbessern, wo ist der schwächste Punkt?

- ☐ d) Welcher Nutzen ist der stärkste?
- ☐ e) Welcher Vorteil berührt Sie am stärksten? Wo sehen Sie den Vorteil des Vorteils (erklären: Was erreichen Sie letztlich durch die Nutzung ...)?

28. ☐ Welche Verkäufer bzw. Verkaufsorganisationen bedienen zurzeit Ihre Zielgruppe?

29. ☐ Wie können Sie Ihr „Mission Statement" verbessern?
    - ☐ 1. Schritt: Notieren Sie Ihr Mission Statement in maximal fünf Sätzen (gut!)
    - ☐ 2. Schritt: Notieren Sie das Gleiche in maximal ein bis zwei Sätzen. Denken Sie nur an den Nutzen (schon besser!)
    - ☐ 3. Schritt: Formulieren Sie das Gleiche in maximal sieben Worten (Positionierungs-Experte, herzlichen Glückwunsch!).

30. ☐ Kennt jeder innerhalb Ihres Unternehmens Ihr Mission Statement?
    - ☐ a) Wo hängt es überall?
    - ☐ b) Wer kann es auswendig?
    - ☐ c) Was halten Ihre Mitarbeiter davon?
    - ☐ d) Wie stellen Sie sicher, dass es jeder behält und lebt?
    - ☐ e) Wie stellen Sie sicher, dass Ihre Kunden es ständig lesen?

31. ☐ Welche Art von Beziehungen haben Sie zu Medien, Journalisten, Datenbanken usw.?

32. ☐ Wie können Sie regelmäßig in die Medien kommen, die Ihre Zielgruppe erreichen?

33. ☐ Haben Sie eine Story?
    ☐ Wie lautet Ihre Story?

34. ☐ Polarisiert Ihre Story (sonst haben Sie keine!)? Wie sehen die beiden Pole aus?

35. ☐ Was sind die häufigsten Argumente gegen Sie und Ihre Leistung (negativer Pol)?

36. ☐ Was können Sie dem negativen Pol erwidern? (Sie können hier nichts verändern, aber sehr wohl Unentschlossene zum positiven Pol bewegen.)

37. ☐ Welche Schwachstellen hat Ihre Firma?
☐ Welche Probleme haben Ihre Kunden, die Sie nicht lösen können, weil Sie selbst Schwachstellen haben?

38. ☐ Können bzw. sollten Sie Ihren Namen verbessern?

39. ☐ Können Sie Ihren USP verbessern?

40. ☐ Testen Sie Ihre Angebote und führen Sie konstant Buch darüber? (Listen, Preise, Speerspitze, Freiangebote, Zusätze, Namen, Garantien, Gestaltung, Farbe usw.)

41. ☐ Kennen Sie Ihren LCV (Life Customer Value)?
☐ Wie können Sie ihn erweitern?

42. ☐ Wie können Sie Ihre Kundendatei (= Hausliste) vergrößern?

43. ☐ Wie können Sie Ihre erweiterte Hausliste vergrößern (Hausliste zzgl. Empfehlungen und Interessenten)?

44. ☐ Wie können Sie Ihre Kunden schneller bedienen?

45. ☐ Wie können Sie für alle wichtigen Abläufe Ihrer Firma SOPs schaffen? (Standard Operating Procedures beschreiben alle systematisierten Arbeitsabläufe.)

46. ☐ Ist Ihre Positionierung klar und deutlich ausformuliert in Ihrer SOP?

47. ☐ Sind Ihre Ideen so systematisiert, dass Sie jederzeit eine Filiale eröffnen könnten?
☐ Funktioniert Ihre Firma unabhängig von Ihnen?

48. ☐ Sind die Positionierungs- und Marketingaktivitäten klar beschrieben?
    ☐ Könnten Ihr Marketingchef und die gesamte Marketingabteilung morgen ausfallen und ein Nachfolger sich dennoch mithilfe der SOP sehr schnell selbst einarbeiten?

49. ☐ Wie viel Zeit und Geld investieren Sie ins Internet?

50. ☐ Wird Ihre Homepage täglich bzw. wöchentlich aktualisiert?

51. ☐ Was können Sie tun, um zu erreichen, dass Ihre Kunden Ihre Homepage täglich, wöchentlich oder aber in anderen regelmäßigen Abständen besuchen?

52. ☐ Was ist Ihre Speerspitze?

53. ☐ Wie nimmt man Sie wahr, wenn man Sie und Ihre Leistung noch nicht kennt? (Sind Sie mit der Wahrnehmung zufrieden?)

54. ☐ Was ist Ihr Up-Selling System?
    ☐ Wie können Sie es verbessern?

55. ☐ Wer kann Ihr Produkt in großen Mengen kaufen?
    ☐ Lohnt sich das für Sie – oder müssen Sie Rabatte einräumen, die es für Sie uninteressant machen?

56. ☐ Können Sie die folgenden Möglichkeiten nutzen, um attraktive Angebote zu machen:
    - ☐ a) Boni
    - ☐ b) Garantien
    - ☐ c) Freiexemplare
    - ☐ d) Tombolas
    - ☐ e) Frei-Kassetten/CDs
    - ☐ f) Kostenlose Broschüren
    - ☐ g) Partie-Exemplare (1 umsonst bei Kauf der angebotenen Menge, z. B. 11/10)
    - ☐ h) Freiexemplare für ausgewählte Personen
    - ☐ i) Standing Order (automatische Zusendung jedes neuen Produkts)
    - ☐ j) Abonnement
    - ☐ k) Anreiz für Empfehlungen

57. ☐ Wie hoch ist Ihr Marketingbudget? (Minimum 5–10 % Ihres Umsatzes)

58. ☐ Wie können Sie Ihre Position als Experte aufbauen und ausbauen?

59. ☐ Wie spricht man über Sie/Ihr Produkt/Ihren Service?
    ☐ Wie können Sie diese allgemeine Wahrnehmung verbessern?

60. ☐ Welche Leistung Ihrer Firma können Sie heute konkret verbessern?

61. ☐ Welche Kunden empfehlen Sie weiter?
    ☐ Welche Gemeinsamkeit haben diese Kunden?

62. ☐ Welcher Zielgruppe können Sie den größten Nutzen bieten?
    ☐ Welche Zielgruppe benötigt Ihre Leistung am dringendsten?

63. ☐ Welche Zielgruppen kommen generell für Ihr Angebot infrage?

64. ☐ Was hält Ihre Zielgruppe für die ideale Leistung?
☐ Woher wissen Sie das genau?
☐ Ist Ihr Wissen aktuell?

65. ☐ Worin können Sie
☐ a) Erster sein?
☐ b) eine neue Kategorie eröffnen?
☐ c) anders sein?
☐ d) außergewöhnlich sein?
☐ e) Welche konkreten Lösungsansätze / Verbesserungsansätze haben Sie bereits?
☐ f) Was hindert Sie an der Umsetzung?
☐ g) Was können Sie heute konkret tun?

66. ☐ Können Sie sich auf ein größeres Problem (oder dringenderes) Ihrer Kunden spezialisieren? (Es gilt: Je größer das Problem, desto größer die Akzeptanz von Lösung und Experte.)

67. ☐ Haben Sie sich einmal die Mühe gemacht, Ihre Vision von Ihrer perfekten Leistung auf Papier zu bringen?
☐ Wann werden Sie das ausführlich tun?

68. ☐ Warum können Sie diese Vision im Moment nicht umsetzen?
☐ Was ist Ihr momentanes Kernproblem?
☐ Wie könnten Sie dieses Problem lösen?

69. ☐ Wissen Sie, warum Kunden zu Ihnen kommen?
☐ Wie sind sie auf Sie aufmerksam geworden?
☐ Führen Sie Buch darüber?

70. ☐ Was können Sie tun, um ähnliche Kunden auf die gleiche Weise zu gewinnen?

71. ☐ Welche Erwartungen haben Menschen generell in Bezug auf Ihre Branche?

72. ☐ Haben Sie ein etabliertes Verfahren (z. B. Fragebogen), um zu erfahren, warum ein Kunde zu Ihnen kommt?
☐ Aufgrund welcher Erwartungen?

73. ☐ Haben Sie ein Empfehlungssystem?
☐ Ist es systematisiert?

74. ☐ Welche Anreize geben Sie, weitere Empfehlungen zu bekommen?

75. ☐ Wissen Sie, wie und warum Empfehlungsmarketing funktioniert?

76. ☐ Wissen Sie, welche Erwartungen Kunden haben, wenn sie zu Ihnen kommen?

77. ☐ Was tun Sie, um die Erwartungen Ihrer Kunden zu übertreffen?
☐ a) Allgemein?
☐ b) Bei der Auftragsannahme?
☐ c) Bei der Auftragsabwicklung?
☐ d) Nach der Auftragsabwicklung?

78. ☐ Wie können Sie Ihren Kunden immer wieder aufs Neue beweisen, dass sie Ihnen am Herzen liegen? (Der Hauptgrund, warum Sie Kunden verlieren ist, dass diese sich „gleichgültig behandelt" vorkommen.)

79. ☐ Haben Sie eine Beschwerde-willkommen-Botschaft verbreitet?

80. ☐ Weiß Ihr Kunde,
☐ a) dass Sie unverzüglich von der Beschwerde hören wollen – und das liebend gerne und als oberste Priorität? Wie haben Sie das kommuniziert?
☐ b) wo er sich beschweren kann? Wie ist das kommuniziert?
☐ c) wie er sich beschweren kann? Wie ist das kommuniziert?

81. ☐ Wie können Sie vermeiden, falsche Erwartungen zu wecken?

82. ☐ Wer ist in Ihrem Unternehmen für die Abwicklung von Beschwerden zuständig?

83. ☐ Haben Sie ein Wiedergutmachungspaket? (Um die Erwartungen der sich Beschwerenden zu übertreffen.)
☐ Wie sieht es aus?

84. ☐ Fragen Sie regelmäßig bei Absagen: „Wie müsste mein Angebot aussehen, damit Sie es annehmen?"
☐ Welche Erkenntnis haben Sie daraus gewonnen?

85. ☐ Ist die Frage 92 bei allen Ihren Mitarbeitenden fest systematisiert?
☐ Wie ist die Auswertung der Antworten und der diesbezügliche Informationsfluss gesichert?

86. ☐ Wie können Sie erreichen, dass Ihre Zielgruppe (noch) mehr Vertrauen zu Ihnen fasst?

87. ☐ Von welchen Kunden haben Sie bisher Empfehlungen empfangen?

88. ☐ Wie können Sie dafür sorgen, von ihnen noch mehr Empfehlungen zu erhalten?

89. ☐ Zu wem möchten/sollten Sie eine Beziehung aufbauen?
☐ a) Welche Personen würden Ihre Position verstärken?
☐ b) Wie können Sie diese Person kennenlernen?
☐ c) Wer kann Ihnen dabei helfen?
☐ d) Welchen Nutzen können Sie bieten
... dem, mit dem Sie eine Beziehung aufbauen wollen?
... demjenigen, der den Kontakt herstellt?
☐ e) Was hat Sie in der Vergangenheit daran gehindert, Kontakt aufzunehmen?
☐ f) Was hindert Sie jetzt daran?
☐ g) Wie können Sie dieses Hindernis beseitigen?

90. ☐ Wie können Sie Ihre Kunden enger an sich binden?
    ☐ Welche Plattform können Sie ihnen bieten?

91. ☐ Fragen Sie den Kunden nicht nur, wer Sie empfohlen hat. Fragen Sie gezielt: „Speziell für welche Leistung hat Frau X Ihnen uns empfohlen?"
    ☐ Welche Antworten erhalten Sie? (Sie erfahren so, was für Ihre Kunden wirklich zählt und was für sie wirklich empfehlenswert ist.)

92. ☐ Welches Grundbedürfnis Ihrer Kunden befriedigen Sie?

93. ☐ Bedienen Sie sich dabei aller bestmöglichen Verfahren?

94. ☐ Welche neuen Verfahren gibt es in anderen Branchen?
    ☐ Können Sie solche Neuheiten auf Ihre Branche übertragen?

95. ☐ Wie können Sie Star-Kunden gewinnen?

96. ☐ Wie sieht Ihr optimaler Kunde aus?

97. ☐ Wie müsste Ihr Unternehmen aussehen, um solche „optimalen Kunden" anzuziehen?

98. ☐ Was können Sie jetzt sofort konkret tun, um diese Idee umzusetzen?

99. ☐ Wie können Sie erreichen, dass mehr über Sie gesprochen wird?
    ☐ Wie erhöhen Sie Ihren Bekanntheitsgrad?

100. ☐ Haben Sie Ihre Werte festgelegt?
     ☐ Ist Ihre Story so stark, dass sie neue Arbeitskräfte anzieht?

101. ☐ Worin können Sie Marktführer werden?
     ☐ Ist Marktführerschaft in einem klar definierten Markt Ihr festes Ziel?

*Vertiefen Sie dieses Modul in unserer Online-Lernwelt.*

www.grundl-institut.de/unternehmenszweck

 

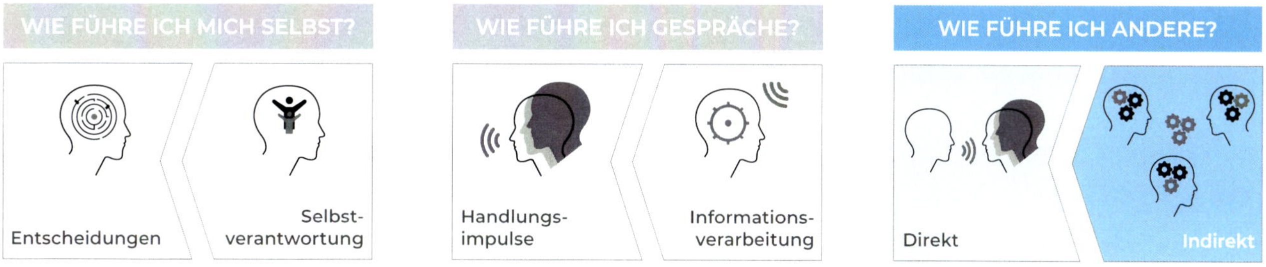
WIE FÜHRE ICH MICH SELBST?
Entscheidungen
Selbst-verantwortung
WIE FÜHRE ICH GESPRÄCHE?
Handlungs-impulse
Informations-verarbeitung
WIE FÜHRE ICH ANDERE?
Direkt
Indirekt

customer
trend
marketing
BOSS
interview
research
brainstorm
observation
group
individual
order
inspiration
HR
employee
train
- ideas
- product
new
trendy
team A
product A
team B
product B
service
team C
-how to used.

## Systeme schaffen:
## Wie erzielen durchschnittliche Mitarbeitende überdurchschnittliche Ergebnisse?

| | | |
|---|---|---|
| Lektion 1: | Woran erkennen Sie, ob Sie Menschen von sich abhängig oder unabhängig machen? | ☐ |
| Lektion 2: | Wie finden Sie die Balance zwischen Menschen und Ergebnissen? | ☐ |
| Lektion 3: | Wie wird aus einer Idee ein System? | ☐ |
| Lektion 4: | Wie bringen Sie Verändern und Bewahren in Balance? | ☐ |
| Lektion 5: | Welche gruppendynamischen Prozesse gilt es zu beachten? | ☐ |

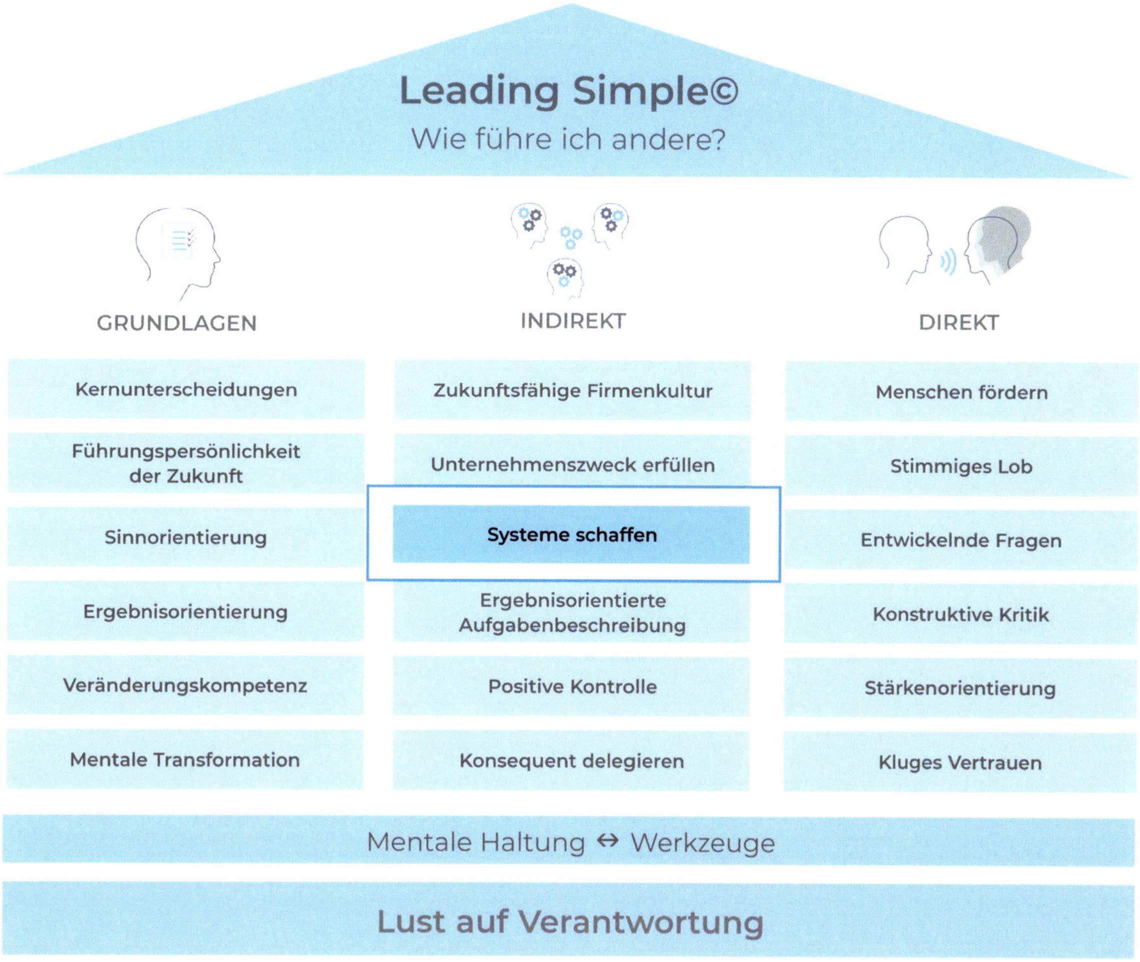

# Modul: Systeme schaffen

Die Königsfrage eines Leaders lautet: Wie mache ich mich überflüssig, während die Ergebnisse immer besser werden? Die Antwort führt zu den Aufgaben indirekter Führung. In deren Mittelpunkt steht »Systeme schaffen«.

**Lektion 1: Woran erkennen Sie, ob Sie Menschen von sich abhängig oder unabhängig machen?**

1. Sind Ihre Mitarbeitenden eher abhängig oder unabhängig von Ihnen und welche Verhaltensweisen Ihrerseits tragen zu diesem Ergebnis bei?

.................................................................................................

.................................................................................................

.................................................................................................

! Mitarbeitende wünschen sich eine gewisse Abhängigkeit des Unternehmens von ihnen. Das erhöht die psychologische Sicherheit.

2. Waren Sie selbst schon einmal von jemandem abhängig? Wenn ja, woran können Sie das heute erkennen?

.................................................................................................

.................................................................................................

.................................................................................................

3. Im Folgenden lesen Sie zwei Szenarien. Entscheiden Sie, ob die Protagonisten eher abhängig oder unabhängig sind. Mit welcher Person können Sie sich besser identifizieren und warum?

.................................................................................................

.................................................................................................

.................................................................................................

Indirekt

*1. Szenario:*

*Maren arbeitet in einer Consulting-Firma als stellvertretende Geschäftsführerin. Sie führt insgesamt vier Mitarbeitende. Sie ist bei jedem Meeting und jeder Geschäftsreise vor Ort – auch wenn sie dafür andere Termine verschieben muss. Sie gibt nicht gerne Verantwortung ab und nimmt nur ungern Anweisungen an. Sie liebt es, ihre Freiheiten zu haben und sich ihre Arbeitszeiten und Aufgaben selbst einteilen zu können.*

Ist Maren eher eine unabhängige oder abhängige Person? Begründen Sie Ihre Antwort.

☐ *Abhängig, weil* ..........................................................................................

☐ *Unabhängig, weil* ......................................................................................

*2. Szenario:*

*Tobias arbeitet seit sieben Jahren in der Personalabteilung einer Werbeagentur. Sein Vorgesetzter wird bald in Rente gehen und schaut nun nach einem geeigneten Nachfolger. Tobias kennt bereits alle Arbeitsprozesse und ist im Unternehmen, seit er als Trainee anfing. Mehrfach war er im Gespräch für eine Beförderung als stellvertretender Geschäftsführer, doch diese Position traut sich Tobias noch nicht zu. Er nimmt lieber Anweisungen von oben an, als diese selbst an Mitarbeitende weiterzugeben. Er fühlt sich mit klaren Strukturen und Vorgaben am wohlsten und würde mit einem selbst strukturierten Tag durcheinanderkommen. Präsentationen gibt er immer gerne an seinen Kollegen Manuel ab, da er sich vor großem Publikum nicht wohlfühlt.*

Ist Tobias eher eine unabhängige oder abhängige Person? Begründen Sie Ihre Antwort.

☐ *Abhängig, weil* ..........................................................................................

☐ *Unabhängig, weil* ......................................................................................

4. Möchten Sie lieber unabhängig oder abhängig von anderen sein? Begründen Sie Ihre Antwort.

.............................................................................................................................................

.............................................................................................................................................

.............................................................................................................................................

.............................................................................................................................................

5. In welchen Momenten Ihres beruflichen Lebens suchten Sie nach Selbstbestätigung und warum?

.............................................................................................................................................

.............................................................................................................................................

.............................................................................................................................................

.............................................................................................................................................

### Lektion 2: Wie finden Sie die Balance zwischen Menschen und Ergebnissen?

1. Welches ist die richtige Reihenfolge?
   - ☐ *Erst die Ergebnisse planen und danach die passenden Mitarbeitenden suchen.*
   - ☐ *Erst die passenden Mitarbeitenden suchen und dann die Ergebnisse planen.*

2. Wie können Sie aus einer Idee ein gut strukturiertes System entwickeln? Stellen Sie erste Vermutungen auf. Die Antwort finden Sie in Lektion 3.

   ..............................................................................................................................

   ..............................................................................................................................

! Ein Leader hat gelernt, solche Systeme zu fördern, die die Entwicklung des Menschen zur Folge haben.

### Lektion 3: Wie wird aus einer Idee ein System?

1. Wie viele Systeme sind in Ihren Alltag integriert?

**Die Erfolgskette**

**IDEE**
↓
**EINFACHHEIT**
↓
**SYSTEM**
↓
**TESTLAUF**
↓
**MULTIPLIKATOREN**
↓
**EINFÜHRUNG**
↓
**WIRKUNG**
↓
**BEOBACHTEN**
↓
**ANPASSEN**

Indirekt

! Immer wenn ein Leader über wiederkehrende Aufgaben nachdenken muss, ist die Wahrscheinlichkeit groß, dass dort ein funktionierendes System fehlt.

2. Schauen Sie sich um: Herrscht in Ihrem Unternehmen Silodenken?

........................................................................................................

........................................................................................................

........................................................................................................

3. Mit welchem geeigneten System kann man diese Denkweise verändern? Welches System hilft Ihnen, Ihr Ziel zu erreichen? Nennen Sie mindestens drei Ziele und schreiben Sie sie auf.

........................................................................................................

........................................................................................................

........................................................................................................

**Lektion 4: Wie bringen Sie Verändern und Bewahren in Balance?**

Anpassen, nicht verbiegen! Das heißt, wir lernen, wo es sich lohnt, sich zu verändern, und trotzdem schätzen wir das Bewahrte wert.

1. Welche Gewohnheiten haben Sie? Nennen Sie jeweils drei Beispiele aus Ihrem privaten und beruflichen Alltag!

.......................................................................................................................................

.......................................................................................................................................

.......................................................................................................................................

.......................................................................................................................................

.......................................................................................................................................

2. Ordnen Sie sich im folgenden Diagramm ein und setzen Sie ein Kreuz in den Skalenraum. Wie viel Bewahrer-Typ und wie viel Veränderungs-Typ sind Sie? *1 = sehr niedrig, 5 = sehr hoch*

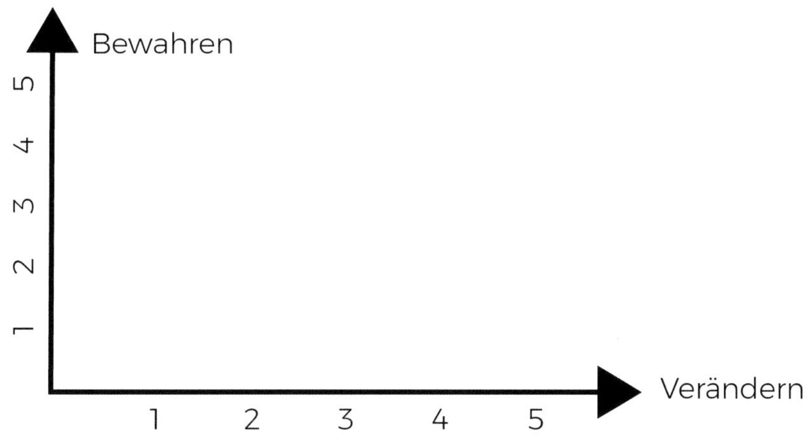


Indirekt

3. Beantworten Sie nun die folgenden Fragen: Sind Sie eher der **Bewahrer-** oder der **Veränderungs-Typ?** Kreuzen Sie die auf Sie zutreffenden Aussagen an. Vergleichen Sie das Ergebnis im Anschluss mit Ihrer ursprünglichen Einschätzung.

| | |
|---|---|
| Ich stehe jeden Tag um die gleiche Uhrzeit auf und halte mich an die immer gleichen Strukturen – auch am Wochenende. | Ich schlafe so lange, wie ich gerade möchte, und plane täglich spontan aufs Neue. |
| Ich liebe meine Heimatstadt und möchte nicht wegziehen. | Ich bin schon oft in meinem Leben umgezogen und liebe es, neue Städte kennenzulernen. |
| Ich fühle mich an meinem Arbeitsplatz und in meinem bekannten Umfeld sehr wohl und möchte auch nicht wechseln. | Wenn ich die Wahl zwischen einem neuen Job in einer anderen Stadt oder dem alten Job in meiner Heimat habe, würde ich mich für das Abenteuer „Neue Stadt“ entscheiden. |
| Ich bin lieber mit bekannten Gesichtern unterwegs, als neue Menschen kennenzulernen. | Ich liebe es, neue Leute kennenzulernen, insbesondere aus anderen Kulturen. |
| Ich habe meine Routinen, auch bei der Restaurantwahl. Wenn ich selbst koche, halte ich mich an bekannte Rezepte. | Ich probiere mich gerne in der Küche aus – jeden Abend etwas Neues. |
| Nach der Arbeit brauche ich Ruhe, daher bleibe ich in der Regel daheim. | Nach der Arbeit treffe mich oft mit Freunden, gehe zum Sport oder entscheide spontan. |
| **Gesamt:** | **Gesamt:** |

***Auflösung:***

Indirekt

**„Bewahrer-Typ“:** Haben Sie überwiegend Sätze auf der linken Seite angekreuzt? Dann neigen Sie dazu, Dinge bewahren zu wollen. Sie brauchen Sicherheit und Berechenbarkeit. Strukturen und Gewohnheiten prägen Ihren Alltag.
**„Veränderungs-Typ“:** Haben Sie überwiegend Sätze auf der rechten Seite angekreuzt? Dann neigen Sie zu Veränderungen. Sie lieben Spontaneität und sind offen für Neues. Sie brennen darauf, Ihren Erfahrungsschatz zu erweitern.

4. Was für Veränderungen haben Sie in Ihrem Leben bereits durchlaufen? Wählen Sie die drei größten aus. Beschreiben Sie, wie Sie persönlich mit diesen Veränderungen umgegangen sind.

..............................................................................................................................

..............................................................................................................................

..............................................................................................................................

..............................................................................................................................

5. Haben Sie schon mal jemand anderem dabei geholfen, sein Gleichgewicht zwischen „Bewahren“ und „Verändern“ zu finden? Konnten Sie dabei auf eigene Erfahrungen zurückgreifen?

..............................................................................................................................

..............................................................................................................................

..............................................................................................................................

..............................................................................................................................

**!** Bewahren, was sich bewährt hat. Verändern, was sich nicht bewährt hat!

### Lektion 5: Welche gruppendynamischen Prozesse gilt es zu beachten?

Nach außen wird der Wandel besungen, im Untergrund hinterlistig Sand ins Getriebe gestreut. Aus diesem Grund müssen Führungskräfte nicht nur ihre Mitarbeitenden, sondern auch deren Beziehungen untereinander kennen: Welche Gruppen haben welche Interessen?

Die drei Gruppenformen in jeder Organisation:

- Formelle Gruppe: bestimmt durch die Hierarchie
- Informelle Gruppe: bestimmt durch Freundschaften
- Clique: bestimmt durch Eigeninteresse und Politik

Die sieben Personenformen in jeder Organisation:

- *Der Missionar* ist die klassische Minderheit. Er ist schnell zutiefst überzeugt und hält auch längere Durststrecken tapfer aus. Er kaut nicht nach, sondern geht mit Wissen und Tatkraft voran. Er hat oft die Strategie und das Konzept mit erarbeitet.

- *Der Gläubige* ist von der Richtigkeit des Vorhabens überzeugt. Er unterstützt mit seiner Umsetzungsenergie die Missionare, ohne dabei selbst zu missionieren.

- *Die aufrechten Gegner* kämpfen mit offenem Visier und treten für ihre Meinung ein. Sie formulieren ihren Widerstand offen, kämpfen für das, wovon sie überzeugt sind. Es besteht die Gefahr, dass sie sich der Gruppe der Widerstandskämpfer anschließen.

- *Die Gleichgültigen* machen in jedem Unternehmen die Mehrheit aus. Die Gleichgültigen können sowohl mit dem Status quo als auch mit der Neuerung leben.

- *Die Lippenbekenner* erscheinen auf den ersten Blick wie die Gläubigen, lassen aber den zustimmenden Worten keine Taten folgen.

- *Die Emigranten* gehören zur kleinsten Gruppe der Mitarbeitenden. Sie lehnen den Wandel ab und verlassen das Unternehmen „innerlich" oder konkret. Sie sind nicht leicht zu erkennen, weil sie ihren Unmut nicht öffentlich äußern.

- *Der Widerstandskämpfer* verhält sich Veränderungen gegenüber feindlich. Sein Widerstand ist deutlich erkennbar. Er missioniert weitere Mitstreiter, die gegen Veränderung sind.

1. Welche Gruppenformen und Personenformen erkennen Sie in Ihrer Organisation? Benennen Sie diese konkret.

   ……………………………………………………………………

   ……………………………………………………………………

   ……………………………………………………………………

   ……………………………………………………………………

2. Wie möchten Sie sich von diesen Gruppen und Personen zukünftig die Unterstützung sichern?

   ……………………………………………………………………

   ……………………………………………………………………

   ……………………………………………………………………

   ……………………………………………………………………



*Vertiefen Sie dieses Modul in unserer Online-Lernwelt.*

www.grundl-institut.de/systeme-schaffen

## Ergebnisorientierte Aufgabenbeschreibung:
## Wie schalten Mitarbeitende auf Autopilot, während sie immer mehr Verantwortung übernehmen und das durch Ergebnisse sichtbar machen?

Lektion 1: Wie entsteht Identifikation durch eine EOA? ☐
Lektion 2: Warum ist Orientierung durch eine EOA so wichtig? ☐
Lektion 3: Wie sieht der EOA-Prozess aus? ☐
Lektion 4: Wie führe ich eine EOA professionell ein? ☐
Lektion 5: Wie setze ich eine EOA um? ☐

**Zusatzinhalte:**
Erstellung einer EOA ☐

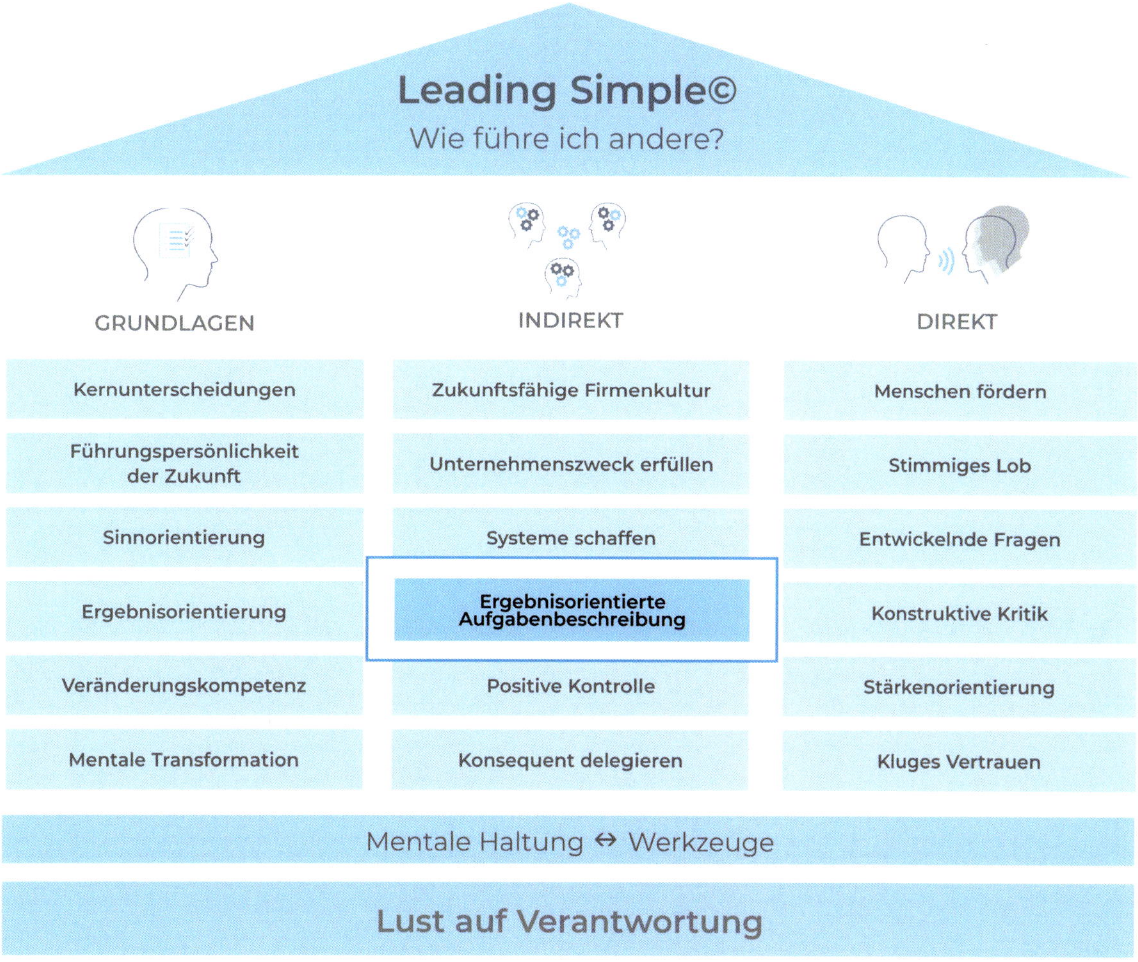

# Modul: Ergebnisorientierte Aufgabenbeschreibung

Die EOA beginnt als Aufgabe und wird durch konsequente Umsetzung zum entscheidenden Werkzeug eines Leaders. Hierbei werden Mitarbeitende in einen Prozess von aufgabenorientiertem Denken zu einem ergebnisorientierten Wirken geführt. Am Ende wird jeder Leader mit deutlich besseren Ergebnissen im Team belohnt.

**Lektion 1: Wie entsteht Identifikation durch eine EOA?**

1. Mit welchen Menschen identifizieren Sie sich? Schreiben Sie drei Personen auf, mit denen Sie sich identifizieren – und aufgrund welcher Eigenschaften.

   ........................................

   ........................................

   ........................................

2. Mit welchen Ideen identifizieren Sie sich? Was führt dazu, dass Sie diesen Ideen gern folgen?

   ........................................

   ........................................

   ........................................

3. Gibt es Ergebnisse, mit denen Sie sich identifizieren?

   ........................................

   ........................................

   ........................................

4. Schätzen Sie (in Prozent), wie hoch die Bereitschaft Ihrer Mitarbeitenden zur Identifikation mit dem Unternehmen ist. Wie viel Prozent beträgt die von der Firma geschaffene Voraussetzung dafür?

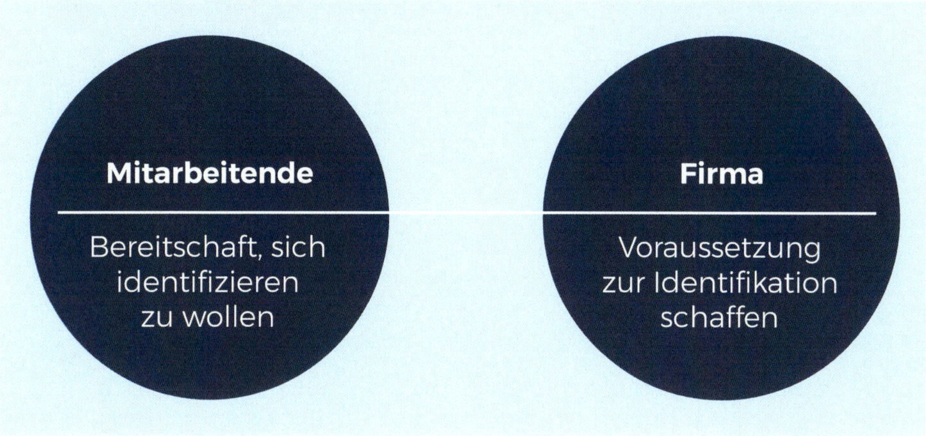


..........................................................................................

..........................................................................................

..........................................................................................

## Lektion 2: Warum ist Orientierung durch eine EOA so wichtig?

! Solange Mitarbeitende nicht genau wissen, um welche Ergebnisse es in der Zukunft geht, tun sie eben das, was sie für richtig halten.

1. Mit welchen der drei genannten Illusionen können Sie sich am meisten identifizieren und warum?

**1. Illusion der Selbstgenügsamkeit**
Glaube, dass alles in uns ist. Wir kommen mit allem klar. Wir sind unabhängig von anderen

**2. Überlegenheitsillusion**
Wunsch zu dominieren, Suche nach Bestätigung, anstatt zu wachsen. Einstellung: Ich weiß alles, ich kann alles. ▸ Wir sehen gar nicht mehr, dass wir Orientierung brauchen, und verlaufen uns in Arroganz.

**3. Unterlegenheitsillusion**
Denkansatz, dass wir nichts hinkriegen

........................................

........................................

........................................

........................................

2. Haben Sie schon einmal Mangel an Orientierung bei sich im Alltag oder im Unternehmen festgestellt? Wenn ja, wo und wie hat sich dies geäußert?

........................................

........................................

........................................

........................................

Indirekt

3. Beschreiben Sie eine Situation, in der Sie sich mehr Orientierung gewünscht hätten.

..................................................

..................................................

..................................................

**4. Orientierungslosigkeit ist ein Killer für Organisationen!**

a) Wie schaffen Sie Orientierung?

..................................................

..................................................

b) Was verstehen Sie unter psychologischer Sicherheit?

..................................................

..................................................

c) Psychologische Sicherheit führt zu ...

- ☐ Unzufriedenheit
- ☐ Hoffnung
- ☐ Kreativität
- ☐ Instabilität

! Eine wirkungsvolle EOA gibt klare Orientierung im Alltag, ist eine Entscheidungshilfe und unterstützt dabei, sich angesichts der Hektik im Alltag nicht unterkriegen zu lassen.

Indirekt

**Lösung:** Hoffnung

**Lektion 3: Wie sieht der EOA-Prozess aus?**

1. Denken Sie an zwei Ihrer Mitarbeitenden und überlegen Sie, ob deren Verantwortungsbereiche klar definiert sind oder wie man diese noch genauer definieren kann.

   ..................................................

   ..................................................

   ..................................................

   ..................................................

2. Wie klar **kennen** Ihre Mitarbeitenden ihre Verantwortungsbereiche und wie gut **können** Sie die Verantwortungsbereiche? Welche Maßnahmen können Sie treffen, um noch mehr Klarheit zu schaffen?

   ..................................................

   ..................................................

   ..................................................

   ..................................................

3. Wie messbar sind die Ergebnisse in Ihrem Unternehmen? Welche Messkriterien nutzen Sie und wie objektiv kommunizieren Sie die Ergebnisse?

   ..................................................

   ..................................................

   ..................................................

   ..................................................

Indirekt

!

Jeder Teilnehmende lernt im Prozess, sich seinen eigenen Ausreden zu stellen, anstatt sich in Beschwerden über andere zu verrennen.

4. Denken Sie in Aufgaben oder denken Sie in Ergebnissen?

..........................................................................................................................................

..........................................................................................................................................

..........................................................................................................................................

..........................................................................................................................................

***Führung bedeutet, Resultate zu erzielen.***

Menschen zu führen bedeutet, zusammen mehr Ergebnisse zu erzielen als allein.

***Es geht darum, welche Ergebnisse in einer bestimmten Zeit erreicht werden.***

## Lektion 4: Wie führe ich eine EOA professionell ein?

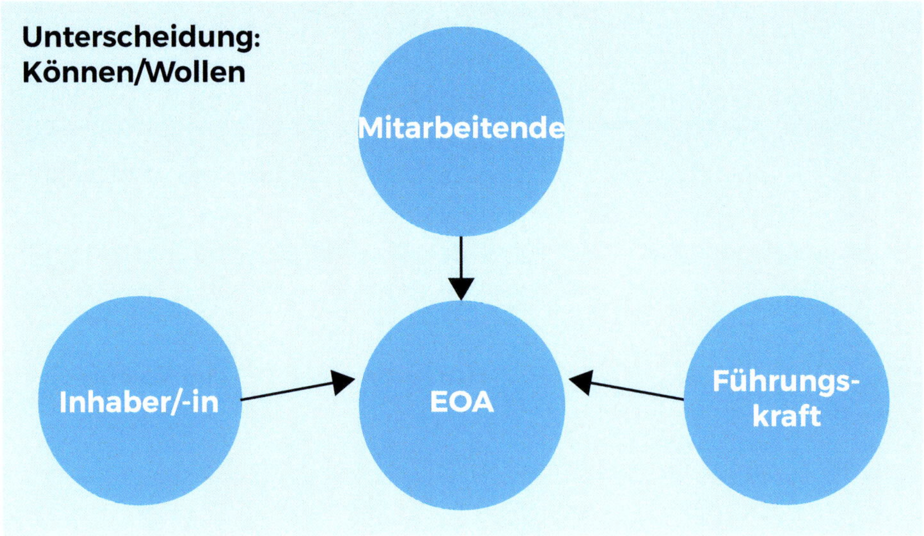


1. Es ist kein leichter Prozess, Ergebnisse zu priorisieren, da wir uns damit beschäftigen müssen, dass wir ersetzbar sein könnten. Wie schwer oder leicht fiel es Ihnen in der Vergangenheit, auf einer Skala von 1 bis 10 sich selbst überflüssig zu machen?

   ..............................................................................................................

   ..............................................................................................................

2. Erörtern Sie folgende Parameter in Bezug auf die EOA:

   - Sinnhaftigkeit für Mitarbeitende: ..................................................
   - Nutzen für Inhaber: ..................................................
   - Hilfe für Führungskräfte: ..................................................

**!** Jeder Mitarbeitende hat ein Recht auf eine wirkungsvolle EOA.

**Lektion 5: Wie setze ich eine EOA um?**

Definieren Sie für sich selbst die folgenden Bereiche:

1. Was ist Ihr Verantwortungsbereich?

   ..........................................................................................

   ..........................................................................................

2. Was ist Ihr Einflussbereich? Also der Bereich, in dem Sie über Ihre Verantwortung hinaus Einfluss haben?

   ..........................................................................................

   ..........................................................................................

3. Was ist Ihr Interessensbereich – aber von Ihnen nicht beeinflussbar?

   ..........................................................................................

   ..........................................................................................

4. Wo orientieren Sie sich an Aufgaben? Versuchen Sie einmal, das Ziel geistig in Besitz zu nehmen und sich im Ergebnis zu sehen. Überlegen Sie dann vom Ergebnis aus zurück, wie Sie dorthin gekommen sind.

.........................................................................................................................

.........................................................................................................................

.........................................................................................................................

.........................................................................................................................

.........................................................................................................................

5. In welchen Bereichen haben Sie Angst zu scheitern? Denken Sie einmal konkret darüber nach, was die Konsequenz wäre, wenn Sie scheitern würden. Versuchen Sie, transparent zu sein, und wägen Sie ab: Ist die Konsequenz tragbar? Nehmen Sie sie an und versuchen Sie, Ihre Wirkung zu erhöhen.

.........................................................................................................................

.........................................................................................................................

.........................................................................................................................

.........................................................................................................................

.........................................................................................................................

.........................................................................................................................

## Übung: Erstellung einer EOA

Die EOA beginnt als Aufgabe und wird durch konsequente Umsetzung zum entscheidenden Werkzeug eines Leaders. Hierbei werden Mitarbeitende in einen Prozess von aufgabenorientiertem Denken zu einem ergebnisorientierten Wirken geführt. Am Ende wird jeder Leader mit deutlich besseren Ergebnissen im Team belohnt.

Die ergebnisorientierte Aufgabenbeschreibung sorgt in Ihrem Unternehmen dafür, dass Ihre Mitarbeitenden so klare Ergebnisse im Kopf haben, dass sie quasi auf „Autopilot“ schalten. Die EOA ist das Ergebnis von Leading Simple© Indirekt. In diesem Modul führen wir Sie Schritt für Schritt durch den Prozess bis hin zur eigenen EOA. Mit diesem Bewusstsein führen Sie anschließend Ihre Mitarbeitenden durch diesen Prozess.

## Der Nutzen einer EOA:

**Eine ergebnisorientierte Aufgabenbeschreibung wird Ihre Mitarbeitenden dabei unterstützen, ...**

... den eigenen Verantwortungsbereich noch besser zu erkennen.
... die richtigen Prioritäten zu setzen und diese auch einzuhalten.
... die besten Entscheidungen für ein gewünschtes Ergebnis zu treffen.

**Eine ergebnisorientierte Aufgabenbeschreibung wird Sie dabei unterstützen, ...**

... die Verantwortlichkeiten im Unternehmen eindeutig zu definieren.
... gewünschte Ergebnisse mit den Mitarbeitenden verbindlich zu vereinbaren.
... mithilfe eines sicheren Hilfsmittels Ergebnisse zu kontrollieren.
... durch eine klare Systematik Mitarbeitende mehr und mehr indirekt zu führen.

! Die EOA ist ein Entwicklungsprozess und wird vom Leader mit seinen Mitarbeitenden einzeln erarbeitet.

**EOA-Beispiele**
Das folgende Beispiel soll Ihnen lediglich als Orientierungsmaterial dienen. Es ist kein »perfektes« Beispiel. Bitte beachten Sie: Jede EOA hat ihre eigene, individuelle Note; sie ist firmen- und bereichsbezogen.

**Beispiel für einen regionalen Vertriebsleiter**
(Stand nach dem 3. Durchgang)

***Ergebnisse Bereich Vertrieb***
Ich sorge für eine jährliche Wachstumsrate von:

- 3 % Mehrumsatz bei Bestandskunden,
- 3 % Mehrumsatz durch Neukunden.

- Ich sorge dafür, dass an jedem Standort im Bereich Süd bis zum 31. Dezember ein zusätzlicher Serienkunde für die Grundauslastung gewonnen wird. Dieser wird über einen Rahmenvertrag dem Werk zugeordnet.

- Ich sorge dafür, dass jeder Außendienstmitarbeiter mindestens zwei Entscheidungsbüros pro Monat besucht. Die Architekten und Ingenieure sind so zu beraten, dass unsere Produkte in die Ausschreibungstexte gelangen und wir zu dem jeweiligen Projekt ein Angebot abgeben dürfen.

- Ich sorge dafür, dass die TOP-50-Listen (Monat/Quartal/Jahr) für jeden Standort der Region Süd durch den zugeordneten Außendienstmitarbeiter ausgewertet werden und er diese Auswertung mit den daraus folgenden Maßnahmen auf den Vertriebssitzungen präsentiert. Die Maßnahmen sind abzuarbeiten, das Ergebnis ist in der darauffolgenden Sitzung darzustellen. Die Auswertung erfolgt nach positiver und negativer Umsatzentwicklung.

***Ergebnisse Bereich Controlling***
Ich sorge dafür, dass die Monatsberichte der einzelnen Außendienstler bis zum 5. eines jeden Monats vorliegen. Diese werde ich bis zum 10. eines jeden Monats auswerten und Abweichungen und Maßnahmen mit jedem Mitarbeiter bis Monatsmitte besprechen. Die Kontrolle erfolgt über den nächsten Bericht.

***Ergebnisse Bereich Organisation***
Ich sorge dafür, dass pro Jahr sechs Vertriebssitzungen stattfinden. Die Termine werde ich im Januar eines jeden Jahres bekannt geben. Die Einladung sowie die Agenda werde ich spätestens zwei Wochen vor dem Termin versenden.

***Ergebnisse Bereich Personal***
Ich sorge dafür, dass alle Außendienstler kontinuierlich so informiert und geschult sind, dass sie sich kompetent auf dem Markt bewegen können und die vereinbarten Ziele in Ergebnisse umwandeln.

**EOA-Prozess**
Da es den meisten Menschen leichter fällt, ihre Aufgaben als ihre Ergebnisse zu beschreiben, beginnen wir damit. Die Teilnehmer listen ihre wichtigsten beruflichen Aktivitäten auf und bringen sie in eine Rangordnung. Danach werden die aus den Aufgaben resultierenden Ergebnisse ermittelt. Ein angestrebter neuer Zustand in der Zukunft wird möglichst SMART formuliert.

**Die Aufgaben meines Arbeitsplatzes:**
- Ich muss alle Fenster und Türen zum Feierabend schließen.
- Ich erstelle eine EOA und zeige diese meinem Vorgesetzten.
- Ich verkaufe unseren Kunden Produkte.

**Die Aufgaben sortiert nach Wichtigkeit für das Unternehmen:**
- Ich verkaufe unseren Kunden Produkte.
- Ich erstelle eine EOA und zeige diese meinem Vorgesetzten.
- Ich muss alle Fenster und Türen zum Feierabend schließen.

**Die Aufgaben übersetzt in Ergebnissprache:**
- Ich sorge dafür, dass der Auftragseingang am Ende jedes Quartals mindestens 5 Millionen Euro beträgt, indem ich … (Maßnahmen).
- Ich sorge dafür, dass meine EOA bis zum 30. November mit meinem Vorgesetzten besprochen und zur beidseitigen Zufriedenheit formuliert und unterschrieben ist.
- Ich sorge dafür, dass alle Türen und Fenster täglich um 18:00 Uhr geschlossen sind.

**Achten Sie auf folgende Punkte:**

- Präzise Abgrenzung des Verantwortungsbereiches.
- Beschreibung von konkreten Ergebnissen (Klarheit, Präzision, Vollständigkeit, Messbarkeit) – nicht von Aufgaben oder Tätigkeiten –, eventuell mit Hinweis auf deren Sinn.
- Messbarkeit: Zeitpunkt oder Zeitdauer, Periodizität, Quantität (Maßeinheit), Qualität.
- Sinn: Absicht, Zweck, Nutzen etc., sofern nicht offensichtlich.
- Bei Ergebnissen, die in weiter Ferne liegen, sollten Zwischenergebnisse aufgeführt werden.
- Die Formulierung „Ich sorge dafür, dass ..." zeigt, wer für das Erzielen des Ergebnisses verantwortlich ist.
- Mit einem weiteren Nebensatz kann beschrieben werden, welche Schritte erforderlich sind. Dieser Nebensatz wird beispielsweise mit „indem" oder „dadurch" eingeleitet.

1. Listen Sie alle Aufgaben auf, die Sie an Ihrem Arbeitsplatz ausführen. Fangen Sie mit dem für Sie Wichtigsten an.

.....................................................................................................

.....................................................................................................

.....................................................................................................

.....................................................................................................

.....................................................................................................

.....................................................................................................

.....................................................................................................

.....................................................................................................

.....................................................................................................

.....................................................................................................

.....................................................................................................

.....................................................................................................

.....................................................................................................

.....................................................................................................

.....................................................................................................

.....................................................................................................

.....................................................................................................

.....................................................................................................

2. Bringen Sie die Aufgaben in eine Hierarchie. Sortieren Sie nach Wichtigkeit für das Unternehmen. Was ist das Wichtigste? Was das Zweitwichtigste?

..................................................................................................................

..................................................................................................................

..................................................................................................................

..................................................................................................................

..................................................................................................................

..................................................................................................................

..................................................................................................................

..................................................................................................................

..................................................................................................................

..................................................................................................................

..................................................................................................................

..................................................................................................................

..................................................................................................................

..................................................................................................................

..................................................................................................................

..................................................................................................................

..................................................................................................................

..................................................................................................................

3. Formulieren Sie zu jeder Aufgabe ein klar messbares Ergebnis. Beginnen Sie mit „Ich sorge dafür, dass".



*Vertiefen Sie dieses Modul in unserer Online-Lernwelt.*

www.grundl-institut.de/eoa

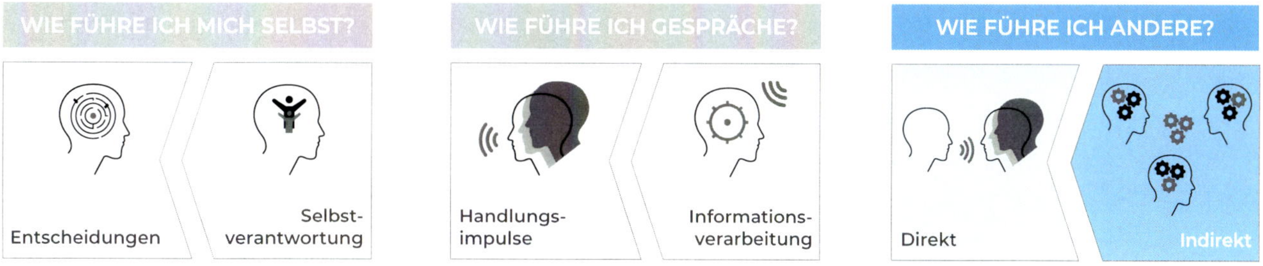
WIE FÜHRE ICH MICH SELBST?
Entscheidungen
Selbst-verantwortung
WIE FÜHRE ICH GESPRÄCHE?
Handlungs-impulse
Informations-verarbeitung
WIE FÜHRE ICH ANDERE?
Direkt
Indirekt

## Positive Kontrolle:
## Wie schaffe ich Orientierung & Sicherheit im Alltag durch einen anerkannten Kontrollprozess?

- Lektion 1: Wie entsteht kluges Vertrauen durch akzeptierte Kontrolle? ☐
- Lektion 2: Wie entwickle ich Menschen durch einen systematischen Kontrollprozess? ☐
- Lektion 3: Wie sorgen wir für mentale Gesundheit in Leistungsorganisationen? ☐

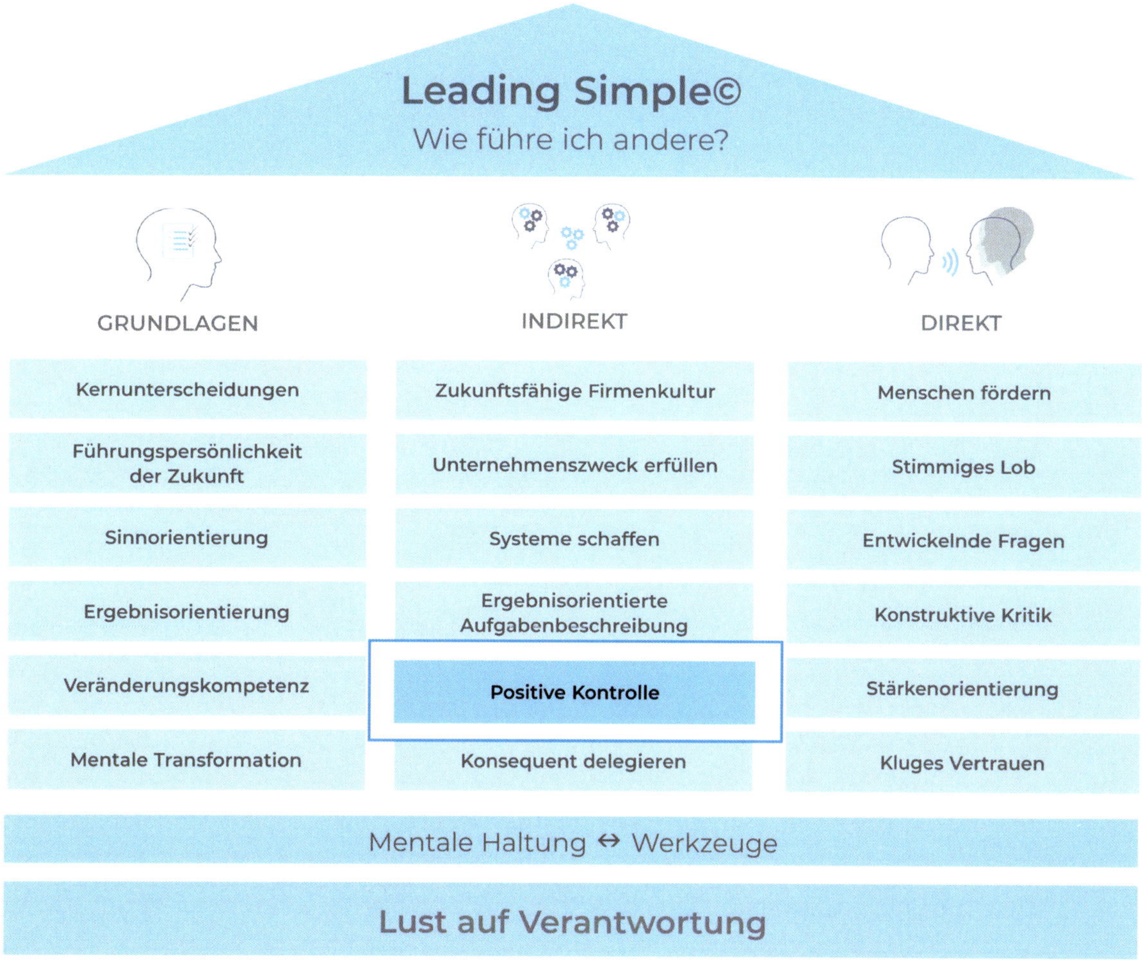

# Modul: Positive Kontrolle

Ein Leader hat gelernt, Transparenz und Kontrolle zu leben und zu lieben. Er weiß, durch Kontrolle entsteht Vertrauen. Je mehr er selbst Kontrolle als Hilfe zur Ergebniserreichung versteht, desto mehr schätzen es seine Mitarbeitenden, kontrolliert zu werden.

**Lektion 1: Wie entsteht kluges Vertrauen durch akzeptierte Kontrolle?**

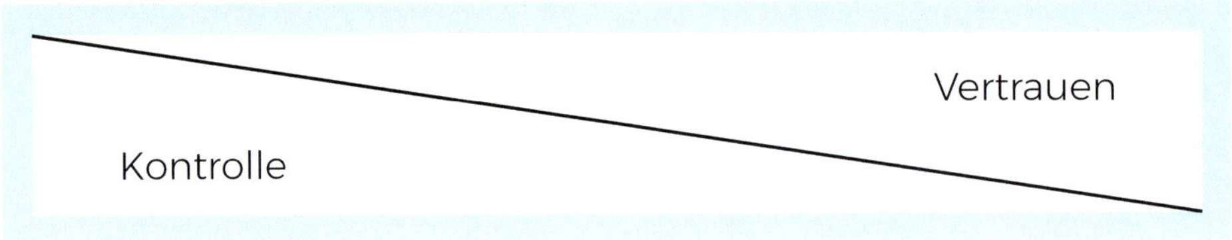


1. Vertrauen Sie mehr oder kontrollieren Sie lieber? Kreuzen Sie die nachfolgenden Aussagen, denen Sie zustimmen, an und nutzen Sie den Selbsttest!

   - ☐ Vertrauen ist gut – Kontrolle ist besser. (1)
   - ☐ Ich schenke jedem und jeder neuen Mitarbeitenden von Anfang an Vertrauen. (2)
   - ☐ Homeoffice betrachte ich kritisch, da ich nicht weiß, wie lange und ob die Mitarbeitenden wirklich arbeiten. (3)
   - ☐ Ich vertraue meinen Mitarbeitenden im Homeoffice. (4)
   - ☐ Ich schaue den Mitarbeitenden gerne mal über die Schulter, was sie gerade so machen. (5)
   - ☐ Auch wenn ich im Urlaub bin, vertraue ich meinem Team, dass alles läuft. (6)

*Auflösung:*

**Kontroll-Typ:** Haben Sie überwiegend ungerade Zahlen angekreuzt, kontrollieren Sie Ihre Mitarbeitenden gerne. Vielleicht, weil in der Vergangenheit Ihr Vertrauen schon einmal missbraucht wurde, fällt es Ihnen nun schwer, zu vertrauen und die Kontrolle abzugeben.

**Vertrauens-Typ:** Haben Sie überwiegend gerade Zahlen angekreuzt, neigen Sie dazu, den Menschen zu vertrauen. Vertrauen ist gut, sollte aber klug vergeben werden und nicht in blindem Vertrauen münden.

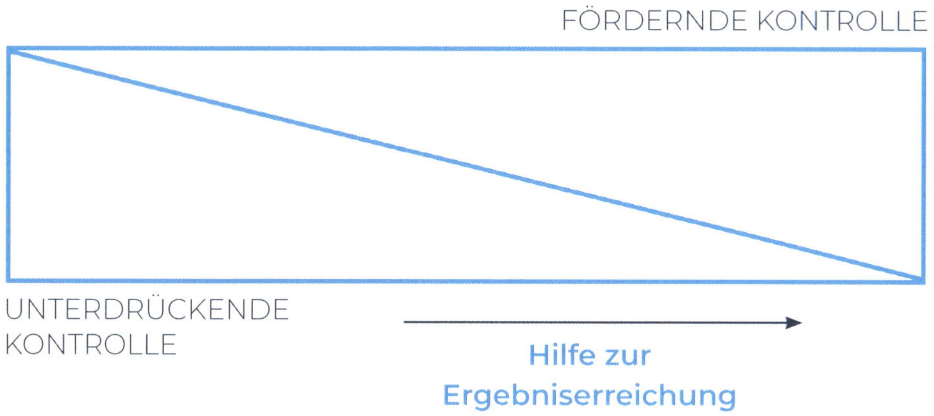


2. Beschreiben Sie eine Situation, in der Sie zuerst blind vertraut haben und dann enttäuscht wurden. Hatten Sie danach Angst, wieder zu vertrauen?

3. In welchen Situationen neigen Sie dazu, nicht zu vertrauen? Wann neigen Sie dazu, blind zu vertrauen?

### Lektion 2: Wie entwickle ich Menschen durch einen systematischen Kontrollprozess?

1. Leistungsnormen (Messkriterien) erstellen:
   a) Was genau wird erwartet?
   b) Wie soll die Tätigkeit getan werden?
   c) Wer kann wie eingebunden werden?

Mitarbeitende und Führungskräfte müssen wissen, was erwartet wird und wie die Leistung gemessen wird. Es muss eine klare Definition der wichtigen Leistungsnormen für Beschäftigte geben, damit diese ihren Verantwortungsbereich kennen. Beispielsweise mit einer ergebnisorientierten Aufgabenbeschreibung.

2. Vergleich Soll/Ist im Prozess:
   a) Sind die Ergebnisse realistisch?
   b) Werden die Ergebnisse zeitnah kontrolliert?
   c) Sind die Ergebnisse wirklich nachvollziehbar, sodass dann ganz offensichtlich ist, ob das gewünschte Ergebnis erreicht wurde?
   d) Was ist das Ergebnis?
   e) Was genau soll getan werden?
   f) Wie ist die Arbeitsaufteilung?
   g) Wie ist die Qualität der Durchführung?
   h) In welcher Zeitspanne soll das Ergebnis erzielt werden?
   i) Wie ist die Akzeptanz von Mitarbeitenden und Management?

3. Korrekturen zur Ergebniserreichung:
   a) Was sind die Gründe für eine Abweichung?
   b) Fehler in der Planung? Führungskraft verantwortlich?
   c) Fehler in der Ausführung? Mitarbeiter verantwortlich?
   d) Ist die Abweichung symptomatisch für ein größeres Problem?
   e) Wo liegen die Wurzeln der Abweichung?
   f) Verschwindet das Problem bei Abweichungskorrektur?
   g) Ist das Hinzuziehen von Experten ratsam?
   h) Besteht ein schriftlicher Aktionsplan zur Korrektur?

4. Wie objektiv (Fakten) beziehungsweise subjektiv (Emotion) schätzen Sie sich ein? Bitte bewerten Sie Ihr Verhalten in Ihrem Umfeld. Setzen Sie ein Kreuz in die dazugehörige Zeichnung. Für Familienumfeld (FA), Freundesumfeld (FR), Arbeitsumfeld (A) sowie unterschiedliche Kolleginnen und Kollegen.

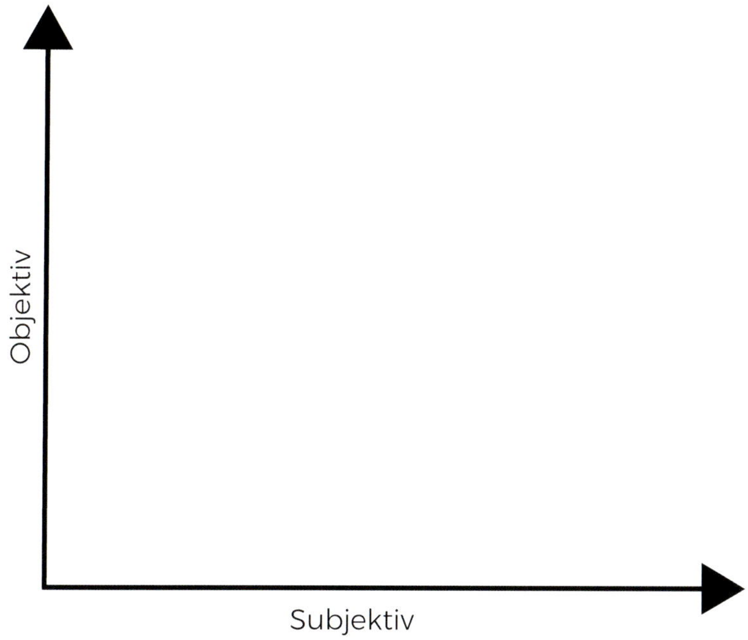


! Je bewusster Sie sich über Ihre radikale Subjektivität werden, desto objektiver wird Ihr Blick.

5. Schildern Sie bitte eine Situation, bei der Sie mit sich hadern mussten, um objektiv zu bleiben. Warum fiel es Ihnen schwer, die Situation objektiv zu betrachten?

..................................................................................................................................

..................................................................................................................................

..................................................................................................................................

..................................................................................................................................

6. Erläutern Sie in jeweils einem Satz das Ergebnis der drei Punkte des systematischen Kontrollprozesses.

   1. ..............................................................................

   2. ..............................................................................

   3. ..............................................................................

7. Was kann durch eine „offene Wunde" (noch nicht Verarbeitetes) als Resultat entstehen?

   - ☐ Kontrollärger
   - ☐ Kontrollwut
   - ☐ Kontrollangst

8. Nach welchem Wort wird gesucht?

   Selbstkontrolle ist ebenfalls sehr wichtig bei der positiven Kontrolle. Jedoch sollte Selbstkontrolle nicht

   in .............................................................................. enden.



**Lösung:** (4) Kontrollwut (5) Selbstgeißelung

## Lektion 3: Wie sorgen wir für mentale Gesundheit in Leistungsorganisationen?

1. Was ist das Ergebnis von Kontrolle?

.............................................................................................................................................

.............................................................................................................................................

.............................................................................................................................................

2. Welche Ergebnisse produzieren Sie? Haben Sie schon einmal die Ergebnisse nur auf sich bezogen, obwohl andere daran beteiligt waren? Wenn ja, warum?

.............................................................................................................................................

.............................................................................................................................................

.............................................................................................................................................

3. Praxis positiver Kontrolle

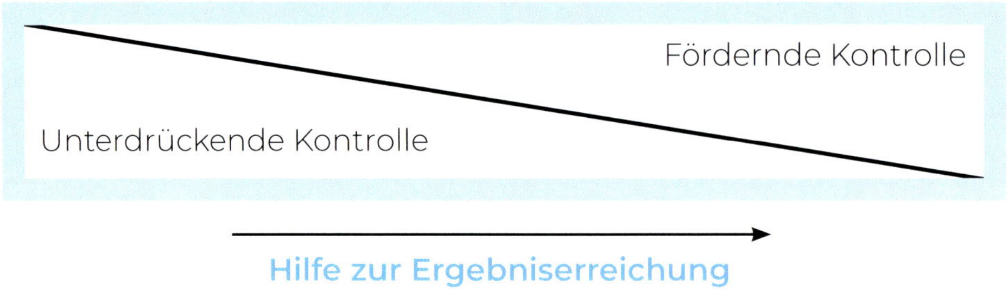


- Ich bin mir bewusst, dass Kontrolle immer objektiv und subjektiv ist, egal wie präzise die Messinstrumente sind. Zahlen müssen immer in einem Kontext interpretiert werden.
- Je mehr ich mir meiner radikalen Subjektivität bewusster werde, desto objektiver kann ich die Kennzahlen interpretieren.
- Als Kontrollinstrument dient eine aktuelle und lebendige EOA.
- Ich kontrolliere regelmäßig vorher definierte Zwischenergebnisse, damit ich Klarheit über den aktuellen Stand bei wichtigen Projekten habe.
- Ich kontrolliere unregelmäßig durch Fragen, welche den aktuellen Stand widerspiegeln.
- Ein akzeptierter Kontrollprozess entsteht, indem Mitarbeitende im Vorfeld den angewendeten Messkriterien zustimmen.

**Ich merke mir:** Vertrauen ist gut, Kontrolle auch. Kontrolle dient der Vertrauensbildung.

*Vertiefen Sie dieses Modul in unserer Online-Lernwelt.*

www.grundl-institut.de/positive-kontrolle

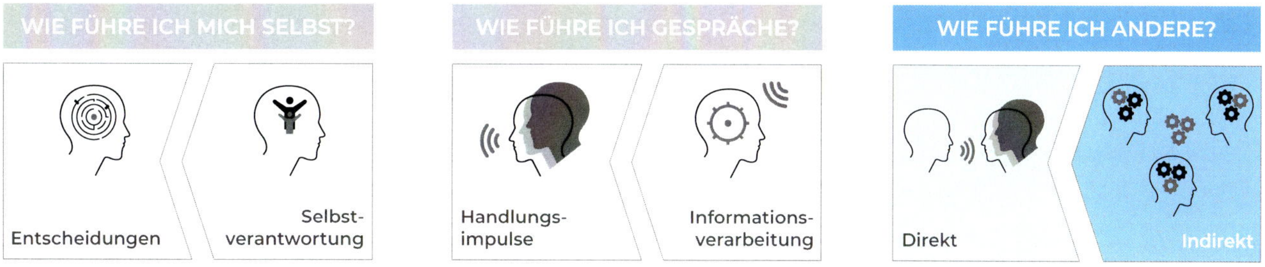
WIE FÜHRE ICH MICH SELBST?
Entscheidungen
Selbst-verantwortung
WIE FÜHRE ICH GESPRÄCHE?
Handlungs-impulse
Informations-verarbeitung
WIE FÜHRE ICH ANDERE?
Direkt
Indirekt

Growth
Research Stage
Strategy
development Stage
SALES!
45% Sales
Tech
Phase 1 - Local
Phase 2 - National
Phase 3 - International
APP design
Test beta phase

## Konsequent delegieren:

**Wie wird die Wertschöpfung im Unternehmen erhöht, indem ich andere entwickle und ich mich dadurch für anspruchsvollere Herausforderungen empfehle?**

| | | |
|---|---|---|
| Lektion 1: | Führen Sie Menschen in Verantwortung oder wollen Sie gebraucht werden? | ☐ |
| Lektion 2: | Wie entwickle ich in einer Organisation das Denken in Aktivitäten zu einem Denken in Ergebnissen? | ☐ |
| Lektion 3: | Wie kann ich jemanden dazu bringen, dass er selbst auf die Lösung kommt und dabei immer selbstfunktionaler wird? | ☐ |
| Lektion 4: | Welche charakterlichen Hürden halten mich vom konsequenten Delegieren zurück? | ☐ |

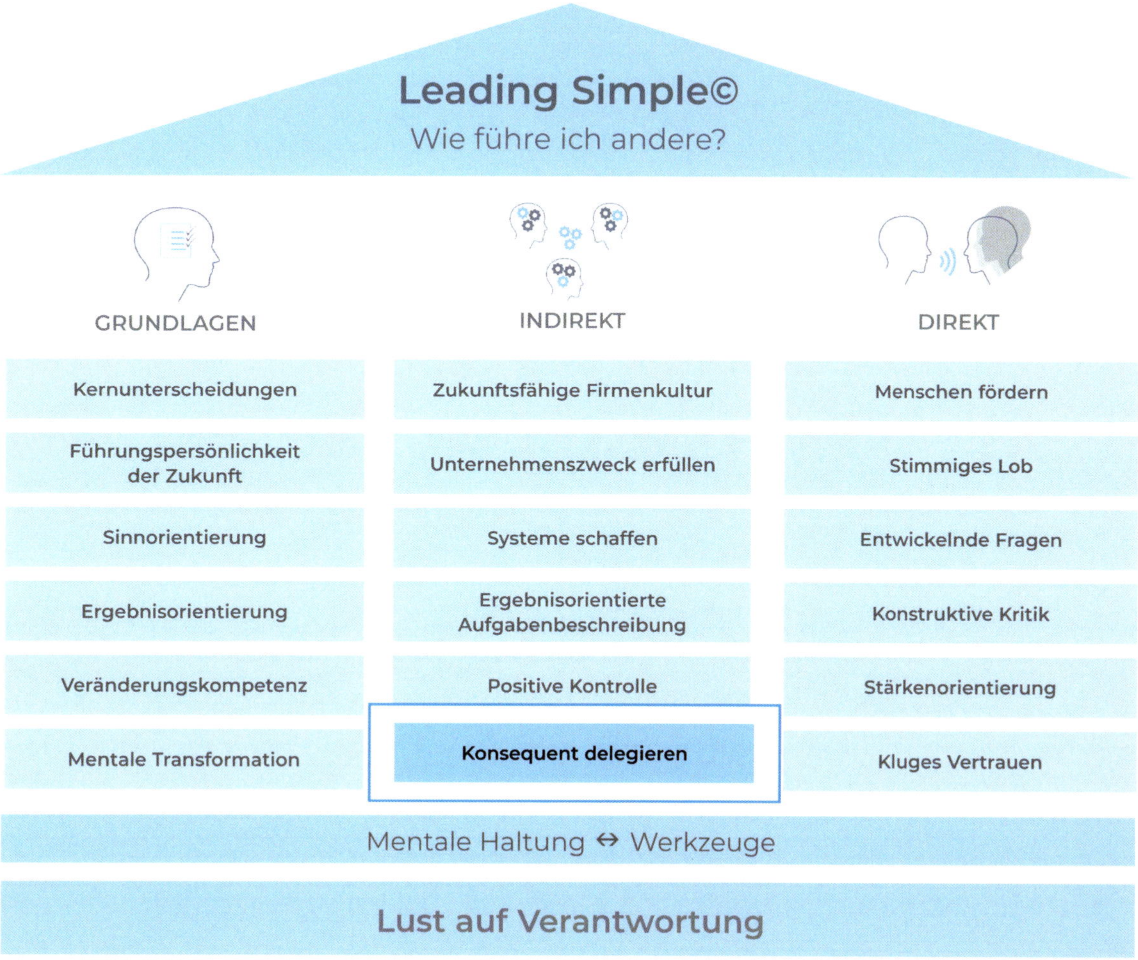

## Modul: Konsequent delegieren

Durch konsequentes Delegieren werden Mitarbeitende gefordert und gefördert. Es ist die Fähigkeit eines Leaders, übertragene Aufgaben so zu begleiten, dass er mit dem Ergebnis dessen, was zurückkommt, zufrieden ist. Die Einstellung „Ich mache es lieber selbst“ spiegelt die mangelnde Kompetenz, andere zu entwickeln, oder den Wunsch nach Selbstbestätigung.

ANDERE ZUR VERANTWORTUNG BEFÄHIGEN

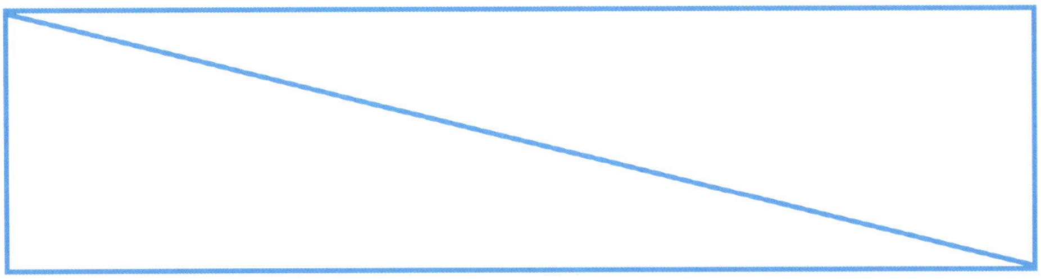

SELBST GEBRAUCHT WERDEN WOLLEN

Interesse, andere entwickeln zu wollen



### Lektion 1: Führen Sie Menschen in Verantwortung oder wollen Sie gebraucht werden?

1. Wer hat mehr zu tun? Ihre Mitarbeitenden – oder Sie selbst? Sind Sie Sachbearbeiter oder Führungskraft? Sind 50 % Ihres Arbeitstags frei für Führungsaufgaben – für Ihre Mitarbeitenden, für Probleme und Unvorhergesehenes?

   ..................................................

   ..................................................

   ..................................................

Ein Leader tut das, was die besten Ergebnisse bringt, nicht das, was er gerne tut.

2. Haben Sie schon einmal jemandem Verantwortung übertragen? Wenn ja, wie sah diese Verantwortung aus? Nennen Sie ein privates oder berufliches Beispiel. Wurden Sie enttäuscht oder positiv überrascht? Gehen Sie darauf bitte näher ein.

..........................................................................................................................................

..........................................................................................................................................

..........................................................................................................................................

3. Hatten Sie schon einmal das Gefühl, nicht mehr gebraucht zu werden (z. B. Kinder ziehen aus, Sportkarriere beendet ...)? Beschreiben Sie eine Erfahrung, bei der Sie etwas „loslassen" mussten.

..........................................................................................................................................

..........................................................................................................................................

..........................................................................................................................................

4. Nun umgekehrt: Beschreiben Sie eine Situation, bei der Sie jemanden um Rat gefragt haben oder generell jemanden gebraucht haben. Wie war das für Sie?

..........................................................................................................................................

..........................................................................................................................................

..........................................................................................................................................

5. Haben Sie schon einmal bewusst oder unbewusst jemanden von sich abhängig gemacht? Falls ja, warum?

..........................................................................................................................................

..........................................................................................................................................

..........................................................................................................................................

**Lektion 2: Wie entwickle ich in einer Organisation das Denken in Aktivitäten zu einem Denken in Ergebnissen?**

Wir denken oft in Aufgaben statt in Ergebnissen. Anstatt zu sagen, was Mitarbeitende tun sollen, fragen Sie, was zu tun ist, um das Ergebnis zu erreichen.

1. Erläutern Sie bitte den Unterschied zwischen der Aufgabenorientierung (AO) und der Ergebnisorientierung (EO).

   ..........................................................................................

   ..........................................................................................

   ..........................................................................................

2. Formulieren Sie bitte folgende Sätze von aufgabenorientiert in ergebnisorientiert um:

   a) Rufen Sie bitte heute noch Herrn Meier an. (AO)
   *Beispiel in EO: Wann hätte Herr Meier heute Zeit, um über die Verträge zu sprechen?*

   b) Arbeiten Sie bitte Ihre Kollegin diese Woche ein, damit sie nächste Woche eigenständig arbeiten kann.

   Umformulierung: ..........................................................................

   ..........................................................................................

   c) Der Kopierer ist kaputt. Reparieren Sie ihn bitte bis morgen.

   Umformulierung: ..........................................................................

   ..........................................................................................

   d) Die Briefe müssen heute noch rausgehen.

   Umformulierung: ..........................................................................

   ..........................................................................................

Indirekt

e) Führen Sie am Mittwoch bitte das Vorstellungsgespräch mit Frau Schneider.

Umformulierung: ..................................................................................................

..................................................................................................................................

***Gießkanne:*** AO: etwas sagen; Status quo halten ▸ nur abarbeiten statt mitdenken
***Brennglas:*** EO: etwas fragen; nicht sagen, sondern fragen, was zu tun ist ▸ durch Aufgabe hin zum Ergebnis denken ▸ verlieben Sie sich in das Ergebnis

### Lektion 3: Wie kann ich jemanden dazu bringen, dass er selbst auf die Lösung kommt und dabei immer selbstfunktionaler wird?

*Ich stelle mir vor, welche Antwort ich im Kopf eines anderen Menschen auslösen möchte. Beim Fragenstellen wähle ich die energetische Signatur der Hebamme. Ich mache das sichtbar, was im anderen verborgen ist. Und verfolge nicht meine eigene Agenda.*

***Aufgabe des Delegierens:*** Es ist nicht entscheidend, was wir tun, sondern, was wir bewirken. Wir sollten dem anderen nicht nur beibringen, was zu tun ist, sondern in seinem Kopf etwas auslösen, während wir mit ihm kommunizieren. Denn im Kopf des anderen entsteht die Antwort auf unsere gestellte Frage. Denken Sie beim Delegieren immer ergebnisorientiert anstatt aufgabenorientiert.

1. Beschreiben Sie in eigenen Worten, was Delegieren für Sie bedeutet.

   ..........

   ..........

   ..........

   ..........

   ..........

### Lektion 4: Welche charakterlichen Hürden halten mich vom konsequenten Delegieren zurück?

1. Welche charakterlichen Hürden des konsequenten Delegierens kennen Sie?

   ..............................................................................................................................

   ..............................................................................................................................

   ..............................................................................................................................

2. Welche charakterlichen Hürden beeinflussen Sie beim Delegieren?

   ..............................................................................................................................

   ..............................................................................................................................

   ..............................................................................................................................

3. Wie sieht Ihre nächste Stufe des Delegierens aus?

   ..............................................................................................................................

   ..............................................................................................................................

   ..............................................................................................................................

4. Denken Sie, Sie haben Mitarbeitende mit einer delegierten Aufgabe schon einmal überfordert? Wie, glauben Sie, hat sich Ihr Gegenüber dabei gefühlt? Wie haben Sie sich dabei gefühlt?

   ..............................................................................................................................

   ..............................................................................................................................

   ..............................................................................................................................

5. Hat Ihnen schon einmal jemand eine Aufgabe „zurückdelegiert"? Wie haben Sie sich dabei gefühlt? Gut, weil Sie wieder das Gefühl hatten, gebraucht zu werden?

.......................................................................................................

.......................................................................................................

.......................................................................................................

6. Beschreiben Sie abschließend noch einmal Ihre Haltung beim Delegieren.

.......................................................................................................

.......................................................................................................

.......................................................................................................

***Fragencheckliste für Ihre Tages- und Wochenplanung:***

1. Wie kann ich mit meinen Stärken der Wertschöpfung im Unternehmen noch besser dienen?

.......................................................................................................

.......................................................................................................

.......................................................................................................

2. Was sollte in diesem Zusammenhang von anderen übernommen werden?

.......................................................................................................

.......................................................................................................

.......................................................................................................

3. Wie kann ich die Personen befähigen, das gewünschte Ergebnis zu liefern?

   ......................................................................................................................................

   ......................................................................................................................................

   ......................................................................................................................................

4. Wie setze ich die vier Entwicklungsknöpfe aus dem Abschnitt „Menschen fördern" für deren EOA-Entwicklungsprozess ein?

   ......................................................................................................................................

   ......................................................................................................................................

   ......................................................................................................................................

5. Wie nutze ich „positive Kontrolle" in diesem Delegationsprozess am sinnvollsten?

   ......................................................................................................................................

   ......................................................................................................................................

   ......................................................................................................................................



*Vertiefen Sie dieses Modul in unserer Online-Lernwelt.*

www.grundl-institut.de/konsequent-delegieren

# Leading Simple© Direkt

## Menschen fördern:

**Wie setze ich konsequent die Potenziale meiner Mitarbeitenden frei, sodass sie die besten Menschen werden, die sie sein können?**

- Lektion 1: Was sind die vier Phasen bei der Entwicklung von Menschen und Projekten? ☐
- Lektion 2: Was erhöht das Engagement? ☐
- Lektion 3: Was erhöht die Kompetenz? ☐
- Lektion 4: Was hat Verliebtheit mit der ersten Phase zu tun? ☐
- Lektion 5: Woran erkennen wir in Phase 2, dass wir aufwachen? ☐
- Lektion 6: Welche Ernüchterung entsteht in Phase 3? ☐
- Lektion 7: Wodurch erkennen wir, dass wir Phase 4 erreicht haben und stabil sind? ☐

**Zusatzinhalte:**

Führungsleitfaden erstellen ☐

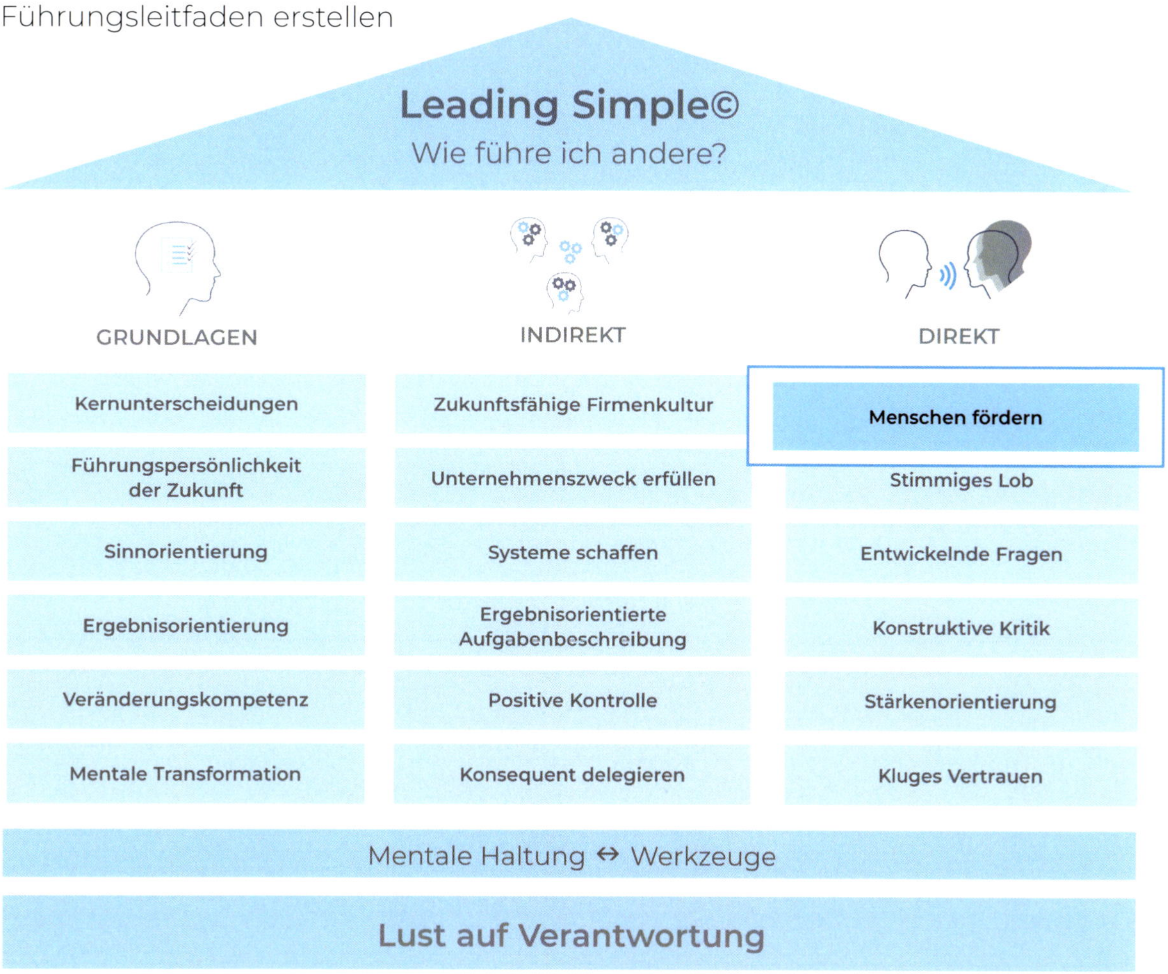

# Modul: Menschen fördern

Ein Leader behandelt andere nicht so, wie es ihnen angenehm wäre oder wie es ihm selbst angenehm ist. Er behandelt andere so, dass sie immer mehr Verantwortung übernehmen und das durch Ergebnisse sichtbar machen.

**Lektion 1: Was sind die vier Phasen bei der Entwicklung von Menschen und Projekten?**

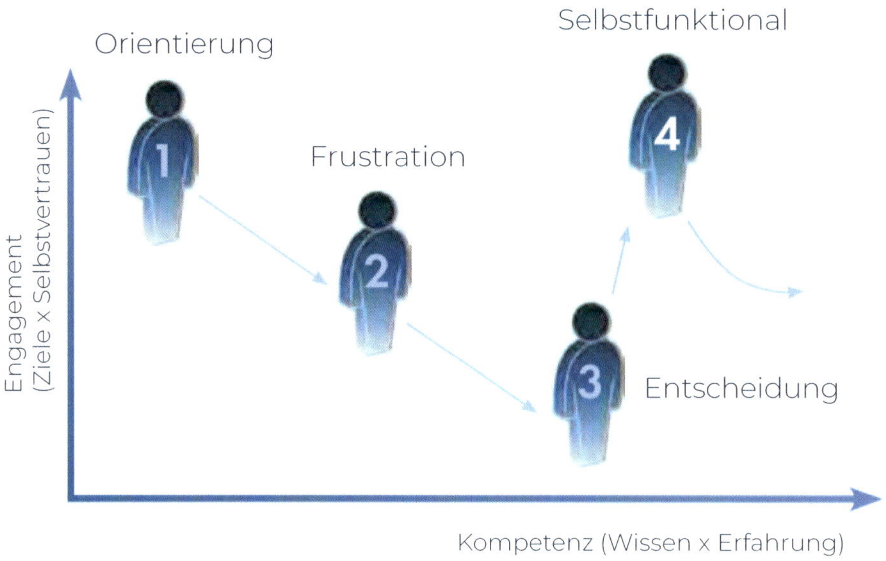


Überlegen Sie sich, wann Sie selbst einmal diese Phasen durchlebt haben – zum Beispiel in einer Partnerschaft, beim Hausbau oder an einer neuen Arbeitsstelle.

Bitte ordnen Sie einen Mitarbeitenden Ihrer Wahl in alle vier Phasen ein. In welchem Kontext befindet sich dieser in Phase 1, Phase 2, Phase 3 und Phase 4? Beachten Sie: Gehen Sie nicht zu schnell die Stufen nach oben. Die vierte Phase beschreibt einen Menschen, der sich in diesem Kontext problemlos selbstständig machen könnte.

Überlegen Sie, welchen Entwicklungsknopf Sie hochdrehen möchten und wie Sie diesen aktivieren werden. Außerdem: Was ist diesem oder dieser Mitarbeitenden wichtig?

Direkt

Phase 1 ..........................................................................

..........................................................................

Phase 2 ..........................................................................

..........................................................................

Phase 3 ..........................................................................

..........................................................................

Phase 4 ..........................................................................

..........................................................................

Für jede Phase gibt es den geeigneten Führungsstil. Ziel einer Führung ist es, Mitarbeitende zur vierten Stufe zu bringen und dabei den Unternehmenszweck zu erfüllen.

| | | |
|---|---|---|
| **1. Stufe**<br>Niedrige Kompetenz<br>Hohes Engagement | → | **dirigieren**<br>Detaillierte Anweisungen erteilen |
| **2. Stufe**<br>Etwas Kompetenz<br>Weniger Engagement | → | **trainieren**<br>Mitarbeitende in geringem Umfang miteinbeziehen |
| **3. Stufe**<br>Hohe Kompetenz<br>Schwankendes Engagement | → | **fordern**<br>Mitarbeitende zu Ergebnissen verpflichten |
| **4. Stufe**<br>Hohe Kompetenz<br>Hohes Engagement | → | **delegieren**<br>Aufgaben komplett abgeben |

## Welcher Führungsstil passt zu diesem oder dieser Mitarbeitenden?

..........................................................................

..........................................................................

..........................................................................

..........................................................................

Direkt

**Achtung**

- In der ersten Orientierungsphase haben Mitarbeitende wenig Kompetenz und hohes Engagement. Eine Art „frisch verliebt sein".

- In der zweiten Frustrationsphase haben Mitarbeitende etwas Kompetenz bei gesunkenem Engagement. Die erste „Verliebtheit" ist vorbei.

- In der dritten Entscheidungsphase haben Mitarbeitende hohe Kompetenz und nur wenig Engagement. Sind sie bereit den Preis für das Ergebnis zu bezahlen?

- In der vierten Selbstfunktionalphase haben Mitarbeitende hohe Kompetenz und hohes Engagement. Sie können sich selbst auf hohem Niveau führen.

## Lektion 2: Was erhöht das Engagement?

**Kompetenz = Wissen x Erfahrung**
**Engagement = Ziele x Selbstvertrauen**

1. Um das Engagement Ihrer Mitarbeitenden zu erhöhen, müssen Sie sich über Ziele und Visionen im Klaren sein und diese immer wieder wiederholen. Was sind Ihre Ziele und Visionen? Denken Sie dabei an das Hilfsmittel der ergebnisorientierten Aufgabenbeschreibung.

   ..........................................................................................

   ..........................................................................................

2. Welches sind die Zwischenziele auf dem Weg zum Ergebnis? Artikulieren Sie diese klar.

   ..........................................................................................

   ..........................................................................................

**Folgende Punkte können Ihnen außerdem helfen, das Engagement Ihrer Mitarbeitenden zu stärken:**

- Sprechen Sie Ihre Anerkennung öffentlich aus.
- Fertigen Sie ein Erfolgsjournal an.
- Beobachten Sie Ihre Mitarbeitenden genau.
- Setzen Sie einen persönlichen Anerkennungsbrief auf.
- Beziehen Sie Ihre Mitarbeitenden ein, festigen Sie ihren Status
- Weihen Sie Ihre Mitarbeitenden mehr in Interna ein.
- Bedanken Sie sich bei Ihren Mitarbeitenden.
- Setzen Sie gezieltes Feedback ein: Loben Sie und kritisieren Sie, wenn es angebracht ist.
- Vermitteln Sie Ihren Mitarbeitenden ein Gefühl von Bedeutung.
- Nehmen Sie ihre Ideen ernst.
- Halten Sie Ihr Wort.

- Hören Sie zu.
- Verbringen Sie Zeit mit Ihren Mitarbeitenden.
- Fragen Sie Ihre Mitarbeitenden nach ihrer Meinung, jedoch nicht um Rat.
- Fördern Sie die Stärken Ihrer Mitarbeitenden und setzen Sie sie entsprechend ein.
- Stärken Sie ihre Identifikation mit der Firma (Visitenkarten, u.Ä.).

### Lektion 3: Was erhöht die Kompetenz?

1. Setzen Sie Ihre Mitarbeitenden stärkenorientiert ein. Die Grundlage für die Stärke Ihrer Mitarbeitenden ist nicht, was ihnen Spaß macht, sondern das, was sie können. Können bezieht sich auf bereits erbrachte Leistungen und Ergebnisse. Überlegen Sie daher einmal genau, ob Sie Ihre Mitarbeitenden bereits entsprechend einsetzen und wo Sie Aufgaben anders verteilen können.

   ........................................

   ........................................

   ........................................

2. Welche Formen der Zusammenarbeit haben Sie bereits ausprobiert und lohnt es sich vielleicht, hier weitere Parameter zu entwickeln?

   ........................................

   ........................................

   ........................................

**Weitere Punkte können Ihnen dabei helfen, die Kompetenzen Ihrer Mitarbeitenden zu erhöhen:**

- Fördern durch Fordern: Bringen Sie Ihre Mitarbeitenden an die Leistungsgrenze.
- Nutzen Sie Fortbildungen und Lehrgänge.
- Lassen Sie sie von kompetenten Mitarbeitenden coachen (Mentorenprinzip).
- Erstellen Sie ein Kompetenzteam, welches für den Wissenstransfer bestimmt ist.
- Lassen Sie einen Budgetplan erstellen.
- Geben Sie Buchtipps und kontrollieren Sie unbedingt, ob die Texte gelesen werden.
- Kontrollieren Sie.

**! Achtung**

Zu viel Kontrolle schadet den stärkeren Mitarbeitenden, zu viel Vertrauen schadet den schwächeren Mitarbeitenden.

**Lektion 4: Was hat Verliebtheit mit der ersten Phase zu tun?**

Was zeichnet diese Phase aus?

| | |
|---|---|
| **Phase 1: Orientierung** | **hohes Engagement** |
| Der/Die Mitarbeitende ... | **niedrige Kompetenz** |

- sieht, was verbindet,
- ist in Anfangseuphorie,
- hat viele Fragen,
- ist auf der Suche nach Orientierung.

Was muss eine Führungskraft in dieser Phase tun?

**Dirigieren** (Orientierung geben), also

- exakte Anweisungen geben,
- kontrollieren,
- Komplimente aussprechen.

| | |
|---|---|
| Ziel: FK | **helfen: wenig** |
| Planung: FK | **dirigieren: viel** |
| Kontrolle: FK | |

## Lektion 5: Woran erkennen wir in Phase 2, dass wir aufwachen?

**Phase 2: Frustration**
Der/Die Mitarbeitende …

**weniger Engagement**
**etwas Kompetenz**

- sieht, was trennt,
- lehnt die bereits erprobten Erfolgswege ab,
- will recht haben, auch wenn die Ergebnisse darunter leiden,
- merkt, dass die ersten Illusionen von der Realität eingeholt worden sind,
- hat kein Verständnis für das Gesetz der Zahlen.

Was muss eine Führungskraft in dieser Phase tun?

**Trainieren** (Frustration abbauen), also

- trainieren, um Kompetenz zu erhöhen,
- Richtung angeben/kontrollieren,
- zuhören,
- Entscheidung mit Mitarbeitenden besprechen,
- nach Ideen fragen,
- bei Zielerreichung helfen/Selbstvertrauen erhöhen,
- Lob/Kritik erteilen,
- Vision wiederholen und verstärken.

Ziel: MA
Planung: FK
Kontrolle: FK

**helfen: viel**
**dirigieren: viel**

### Lektion 6: Welche Ernüchterung entsteht in Phase 3?

Was zeichnet diese Phase aus?

**Phase 3: Entscheidung** | **schwankendes Engagement**
Der/Die Mitarbeitende ... | **hohe Kompetenz**

- weiß, was zu tun wäre,
- übernimmt Verantwortung,
- hat immer noch Persönlichkeitsprobleme,
- besitzt keine Führungsfähigkeiten,
- hält sich aufgrund seiner/ihrer hohen Kompetenz für verantwortungsvoller, als er/sie ist.

Was muss eine Führungskraft in dieser Phase tun?

**Fordern** (Entscheidung herbeiführen), also

- unterstützen,
- Selbstvertrauen stärken,
- Vision wiederholen,
- Verantwortung und Autorität aufteilen,
- loben,
- zuhören,
- durch dosierten Druck zwingen, die nächste Hürde zu nehmen,
- Ergebnisse einfordern.

Ziel: MA
Planung: MA + FK
Kontrolle: FK

**helfen: viel**
**dirigieren: wenig**

## Lektion 7: Wodurch erkennen wir, dass wir Phase 4 erreicht haben und stabil sind?

Was zeichnet diese Phase aus?

| | |
|---|---|
| **Phase 4: Selbstfunktionalität** | **hohes Engagement** |
| Der/Die Mitarbeitende … | **hohe Kompetenz** |

- weiß, was zu tun ist, und tut es,
- hat keine Zweifel,
- übernimmt volle Verantwortung,
- ist emotional stabil.

Was muss eine Führungskraft in dieser Phase tun?

**Delegieren** (Selbstfunktionalität erlauben), also

- volle Verantwortung abgeben,
- Autorität für Entscheidungen übergeben,
- kontrollieren,
- binden,
- für hohe Transparenz und Messbarkeit sorgen,
- Ergebnisse stehen stark im Fokus.

| | |
|---|---|
| Ziel: MA | **helfen: wenig** |
| Planung: MA | **dirigieren: wenig** |
| Kontrolle: MA + FK | |

### Führungsleitfaden erstellen

Wollen Sie ein wirkungsvolles Werkzeug, das Sie Beziehungen bewusst führen lässt? Der Führungsleitfaden dient als Hilfsmittel zur gezielten Selbst- und Fremdwahrnehmung.

**Der Nutzen des Führungsleitfadens:**

SELBSTERKENNTNIS

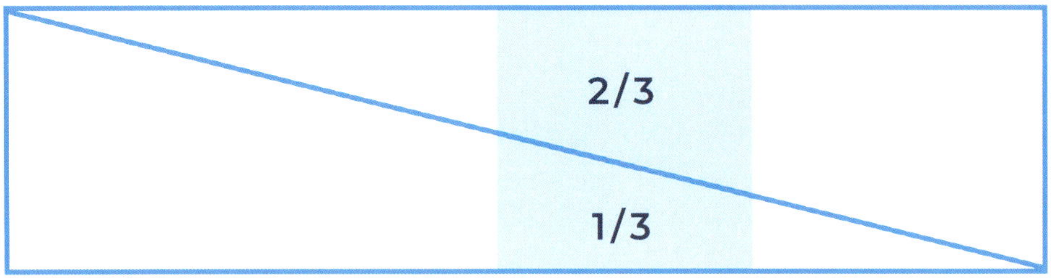


FREMDERKENNTNIS

**Ein Führungsleitfaden unterstützt Ihre Mitarbeitenden, …**

… die eigenen blinden Flecken zu entdecken.
… die eigenen Entwicklungspotenziale und Entwicklungsschritte anzuerkennen.
… die eigenen Talente gewinnbringend für sich und das Unternehmen einzusetzen.

**Ein Führungsleitfaden wird Sie dabei unterstützen, …**

… gewünschte Entwicklungsschritte durch ein sicheres Hilfsmittel zu benennen.
… den passenden Führungsstil zu wählen, der Mitarbeitende systematisch weiterentwickelt.
… Aufgaben professionell und wirkungsvoll zu delegieren.

**Achten Sie auf folgende Punkte:**

Wer glaubt, objektiv zu sein, ist sich seiner radikalen Subjektivität nicht bewusst.

> Der Führungsleitfaden ist ein wirkungsvolles Werkzeug, das eine professionelle Beziehung zu sich und anderen ermöglicht.

*Holen Sie sich jetzt den Führungsleitfaden als PDF.*

www.grundl-institut.de/fuehrungsleitfaden

Direkt

**1. Führungsleitfaden über eine andere Person** *Datum:*

*Name des Mitarbeitenden:* ........................................ ........................

1. Welche Werte sind diesem Mitarbeitenden besonders wichtig? (siehe Wertebeispiele auf Seite 247)

........................................

........................................

........................................

........................................

2. Welche der fünf inneren Wertekonflikte hat diese Person? (siehe Abschnitt „Zukunftsfähige Firmenkultur")

........................................

........................................

........................................

........................................

3. In welcher Phase der Entwicklung – bitte differenzieren Sie zwischen unterschiedlichen Bereichen – befindet sich der Mitarbeitende? (siehe Abschnitt „Menschen fördern")

........................................

........................................

........................................

........................................

4. Welcher der vier Führungsstile passt dazu? (siehe Abschnitt „Menschen fördern“)

   ..........................................................................................

   ..........................................................................................

   ..........................................................................................

   ..........................................................................................

5. Wie werde ich diesen Führungsstil in Zukunft einsetzen? Welcher der Entwicklungsmechanismen hilft mir dabei? (siehe Abschnitt „Menschen fördern“)

   ..........................................................................................

   ..........................................................................................

   ..........................................................................................

   ..........................................................................................

6. Welche fünf Talente sehe ich bei diesem Mitarbeitenden? (siehe Abschnitt „Stärkenorientierung“)

   ..........................................................................................

   ..........................................................................................

   ..........................................................................................

   ..........................................................................................

7. Wie werde ich diese Talente in Zukunft berücksichtigen? (siehe Abschnitt „Stärkenorientierung“)

   ..........................................................................................

   ..........................................................................................

........................................................................................................

........................................................................................................

8. Welche fünf Entwicklungspotenziale sehe ich bei diesem Mitarbeitenden? (siehe Abschnitt „Stärkenorientierung")

........................................................................................................

........................................................................................................

........................................................................................................

........................................................................................................

9. Welche nicht tolerierbaren Entwicklungspotenziale müssen tolerierbar gemacht werden? Über welche sehe ich zukünftig hinweg? (siehe Abschnitt „Stärkenorientierung")

........................................................................................................

........................................................................................................

........................................................................................................

........................................................................................................

10. Was hilft mir noch, meinen Mitarbeitenden besser zu entwickeln?

........................................................................................................

........................................................................................................

........................................................................................................

........................................................................................................

*Datum:*

........................................

## 2. Führungsleitfaden über sich selbst

*Name:* ........................................

*Vorgesetzter:* ........................................

1. Welche Werte sind mir besonders wichtig? (siehe Wertebeispiele ab Seite 247)

........................................

........................................

........................................

........................................

2. Welche der fünf inneren Wertekonflikte habe ich? (siehe Abschnitt „Zukunftsfähige Firmenkultur")

........................................

........................................

........................................

........................................

3. In welcher Phase der Entwicklung – bitte differenzieren Sie zwischen unterschiedlichen Bereichen – befinde ich mich? (siehe Abschnitt „Menschen fördern")

........................................

........................................

........................................

........................................

4. Welcher der vier Führungsstile passt zu mir? (siehe Abschnitt „Menschen fördern")

.................................................................................................................................

.................................................................................................................................

.................................................................................................................................

.................................................................................................................................

5. Wie werde ich die Entwicklungsknöpfe in Zukunft einsetzen? (siehe Abschnitt „Menschen fördern")

.................................................................................................................................

.................................................................................................................................

.................................................................................................................................

.................................................................................................................................

6. Welche fünf Talente sind bei mir erkennbar?(siehe Abschnitt „Stärkenorientierung")

.................................................................................................................................

.................................................................................................................................

.................................................................................................................................

.................................................................................................................................

7. Wie werde ich diese Talente in Zukunft berücksichtigen und einsetzen? (siehe Abschnitt „Stärkenorientierung")

.......................................................................................................

.......................................................................................................

.......................................................................................................

.......................................................................................................

8. Welche fünf Entwicklungspotenziale sehe ich bei mir? (siehe Abschnitt „Stärkenorientierung")

.......................................................................................................

.......................................................................................................

.......................................................................................................

.......................................................................................................

9. Welche nicht tolerierbaren Entwicklungspotenziale müssen tolerierbar gemacht werden?

.......................................................................................................

.......................................................................................................

.......................................................................................................

.......................................................................................................

10. Was hilft mir noch, mich besser zu entwickeln?

.......................................................................................................

.......................................................................................................

.......................................................................................................

*Vertiefen Sie dieses Modul in unserer Online-Lernwelt.*

www.grundl-institut.de/menschen-foerdern

Direkt

**Zusatzinhalte: Weitere Wertebeispiele**

| | | |
|---|---|---|
| Abenteuer | Effektivität | Führung |
| Abwechslung | Effizienz | Geborgenheit |
| Achtung | Ehrlichkeit | Geduld |
| Alleinsein | Einbezogenheit | Gelassenheit |
| Anerkennung | Einfluss | Geldgeschick |
| Anziehung | Einklang | Gemeinsamkeit |
| Arbeit | Energie | Gemeinschaft |
| Auffassungsgabe | Entdeckung | Genuss |
| Aufrichtigkeit | Entschlossenheit | Geselligkeit |
| Austausch | Entspannung | Gesundheit |
| Autorität | Entwicklung | Gewinn |
| Begeisterung | Erfolg | Glück |
| Behaglichkeit | Ethik | Handeln |
| Bescheidenheit | Exzellentes | Harmonie |
| Beständigkeit | Familienleben | Herausforderung |
| Bestätigung | Fitness | Hilfe |
| Beziehungen | Fleiß | Hilfsbereitschaft |
| Chancen nutzen | Flexibilität | Hingabe |
| Dankbarkeit | Freiheit | Individualität |
| Demokratie | Freude | Integrität |
| Demut | Freundlichkeit | Intellekt |
| Der Beste sein | Freundschaft | Intelligenz |
| Disziplin | Frieden | Interessengleichheit |
| Ebenbürtigkeit | Fröhlichkeit | Intuition |

Karriere
Kompetenz
Konstant lernen
Kontaktfähigkeit
Kontrolle
Konzentration
Kooperation
Kreativität
Kultiviertheit
Kunst
Lebensfreude
Lebenskraft
Leidenschaft
Leistung
Liebe
Loyalität
Macht
Marktposition
Mut
Natur
Nutzen bieten
Offenheit
Optimismus
Ordnung
Qualität

Reichtum
Reinheit
Religion
Respekt
Sachkenntnis
Schnelllebigkeit
Schönheit
Selbstachtung
Selbstbewusstsein
Sex
Sicherheit
Sicherheit
Spaß
Spiritualität
Standort
Stärken nutzen
Status
Status
Teamgeist
Treue
Umweltbewusstsein
Unabhängigkeit
Unterstützung
Vaterland
Veränderungen

Verantwortung
Verbundenheit
Verdienst
Vergnügen
Verpflichtung
Verständnis
Vertrauen
Vielfalt
Wachstum
Wahrhaftigkeit
Wahrheit
Wärme
Wechsel
Weisheit
Weisheit
Wettbewerb
Willenskraft
Wissen
Wohlstand
Zeit
Zielbewusstsein
Zufriedenheit
Zuverlässigkeit

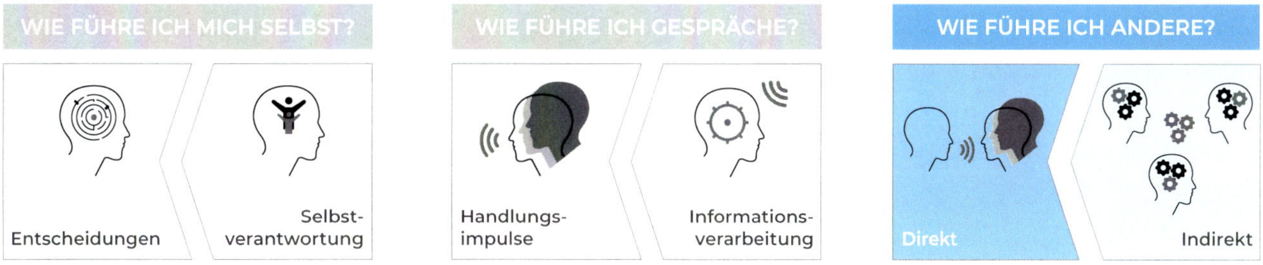
WIE FÜHRE ICH MICH SELBST?
Entscheidungen
Selbst-verantwortung
WIE FÜHRE ICH GESPRÄCHE?
Handlungs-impulse
Informations-verarbeitung
WIE FÜHRE ICH ANDERE?
Direkt
Indirekt

## Stimmiges Lob:
## Wodurch bekommen Mitarbeitende klare Orientierung & liefern immer bessere Ergebnisse?

- Lektion 1: Was sind die Voraussetzungen für stimmiges Lob? ☐
- Lektion 2: Warum ist stimmiges Lob notwendig? ☐
- Lektion 3: Wann erzielt mein stimmiges Lob die maximale Wirkung? ☐
- Lektion 4: Wie setze ich stimmiges Lob in der Praxis ein? ☐

# Modul: Stimmiges Lob

Ein Leader nimmt seine Mitarbeitenden genau wahr. Er entwickelt ein professionelles Interesse an ihnen und beobachtet sie präzise. Dadurch kann er gewünschte Einstellungen und Ergebnisse durch ein stimmiges Lob emotional verstärken. Die Botschaft: Klasse, mehr davon!

**Lektion 1: Was sind die Voraussetzungen für stimmiges Lob?**

Wie ist Ihr Lobverhalten? Loben Sie häufig? Achten Sie einmal darauf.

**Ein Gedankenspiel:**

Begegnen Sie Ihrem Gegenüber mit Interesse. Das kann in dieser Aufgabe beispielsweise einer Ihrer Mitarbeitenden sein.

1. Werden Sie sich dazu zunächst der Werte (Familie, Beruf ...) Ihres Gegenübers bewusst. Welches sind diese und welchen Stellenwert haben sie? Stellen Sie dann Ihre Werte gegenüber.

   ......................................................................

   ......................................................................

2. Schaffen Sie sich Klarheit darüber, was Sie verstärken/loben sollten. Notieren Sie es hier.

   ......................................................................

   ......................................................................

3. Ist es Ihrem Gegenüber wichtig, von Ihnen Lob und Anerkennung zu bekommen? Schätzen Sie ein.

   ......................................................................

   ......................................................................

! Das Ergebnis von stimmigem Lob ist Bestätigung. Das Selbstvertrauen wächst. Es können größere Ziele in Angriff genommen werden.

Direkt

## Lektion 2: Warum ist stimmiges Lob notwendig?

1. Warum ist Lob wichtig?
   Notieren Sie zunächst Ihre Antwort und lesen Sie dann weiter:

   ..........................................................................................

   ..........................................................................................

   ..........................................................................................

   ..........................................................................................

   ..........................................................................................

   ..........................................................................................

*Weil es zum einen ein Feedback gibt und zum anderen Selbstvertrauen aufbaut. Es wird oft diskutiert, ob es richtig ist, sehr häufig zu loben – oder eher selten. Die Antwort: Das hängt von der Persönlichkeit der Führungskraft ab und von ihrem Führungsstil. Beides ist vollkommen in Ordnung, wenn es kongruent wirkt. Grundsätzlich aber loben Führungskräfte eher zu wenig als zu viel. Ausschlaggebend ist, dass das Lob unmissverständlich ist und so aufgefasst wird, wie es gemeint ist. Ein Lob ist ein Hilfsmittel. Es ist nicht so wichtig, wie oft wir dieses Hilfsmittel einsetzen. Entscheidender ist, ob wir das Hilfsmittel Lob meisterhaft einsetzen und ob der andere auf unser Lob Wert legt. Übrigens: Je anerkannter der oder die Lobende ist beziehungsweise je höhergestellt die Person ist, desto wirkungsvoller ist das Lob.*

2. Wenden Sie beim Loben das nächste Mal Folgendes an. Spielen Sie das Gepräch vorab gedanklich einmal durch.

    - Stellen Sie sicher, dass Ihre Art, Anerkennung zu geben, zu einem Meisterwerk wird!
    - Ertappen Sie Ihre Mitarbeitenden dabei, etwas gut zu tun. Dazu müssen Sie sie beobachten.
    - Wenn ein Lob nicht präzise ist, so erscheint es oft als bloße Schmeichelei und unaufrichtig.
    - Nutzen Sie ein Lob niemals, um unmittelbar etwas Konkretes zu erreichen; lassen Sie es für sich stehen. Kritisieren Sie nicht, nachdem Sie gelobt haben, und bitten Sie nicht um einen Gefallen.

### Lektion 3: Wann erzielt mein stimmiges Lob die maximale Wirkung?

Es gilt immer dann zu loben, wenn es Sinn ergibt, die Kultur zu stärken.

Richten Sie Ihr Augenmerk auf die Zukunft. Sie können die Vergangenheit nicht ändern, die Zukunft aber können Sie beeinflussen.

> ! Timing fürs Loben: Nutzen Sie die Intuition der Zeit!

1. Analysieren Sie nun einmal den Ist-Zustand in Ihrem Unternehmen. Wo gibt es bei Mitarbeitenden prägnante Ausschläge beim Thema:

   Verantwortung: ..........

   Ergebnisorientierung: ..........

   Konzentration auf Stärken: ..........

   Klima zu Kultur: ..........

   Vertrauen: ..........

2. Überlegen Sie nun, wie Sie das Lob an diese Mitarbeitenden personengerecht adressieren könnten. Einige mögen es beispielsweise nicht, direkt in der Öffentlichkeit angesprochen zu werden.

   ..........

   ..........

   ..........

   ..........

3. In welcher Form könnten Sie emotionales Lob verstärken? Seien Sie kreativ!

   ..........

### Lektion 4: Wie setze ich stimmiges Lob in der Praxis ein?

Gehen Sie für sich im Kopf ein Gespräch mit einer oder einem Mitarbeitenden durch, gerne können Sie die folgende Übung – wenn Sie sich sicher fühlen – natürlich auch im direkten Gespräch mit einem Ihrer Mitarbeitenden anwenden. Erkennen Sie einen Unterschied zu Ihrer Herangehensweise in Lektion 2?

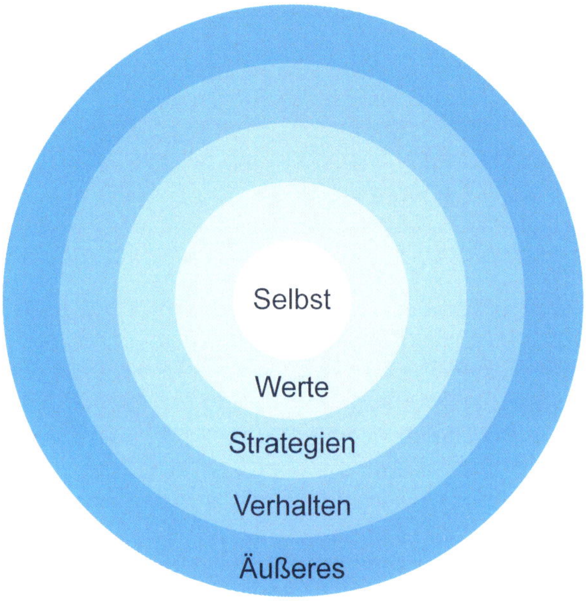


**Ebenen des Seins**

*Je mehr ein stimmiges Lob in das Selbst eindringt, desto tiefer ist dessen Wirkung. Konstruktive Kritik sollte immer nur auf die Tiefe der Strategie-Ebene gelangen.*

1. **Ich möchte Ihnen sagen, wie gut mir gefallen hat, was Sie ...**
   Beschreiben Sie die allgemeine Situation.

   ..........................................................................................

   ..........................................................................................

   ..........................................................................................

   ..........................................................................................

   ..........................................................................................

Direkt

2. **Dort und dann ist mir aufgefallen, dass ...**
   Beobachten Sie präzise und respektieren Sie.

3. **Optional: Das schätze ich ganz besonders, denn ...**
   Nehmen Sie persönlich Bezug und bewundern Sie.

4. **Machen Sie weiter so!**
   Ermutigen Sie Ihren Mitarbeitenden, genau so weiterzumachen.

*Vertiefen Sie dieses Modul in unserer Online-Lernwelt.*

www.grundl-institut.de/stimmiges-lob

## Entwickelnde Fragen:
## Wie werden aus bequemen Mitarbeitenden wertvolle Verantwortungsträger?

- Lektion 1: Was sind die Voraussetzungen für entwickelnde Fragen? ☐
- Lektion 2: Warum sind entwickelnde Frage notwendig? ☐
- Lektion 3: Wann erzielen meine entwickelnden Fragen die maximale Wirkung? ☐
- Lektion 4: Wie setze ich entwickelnde Fragen in der Praxis ein? ☐

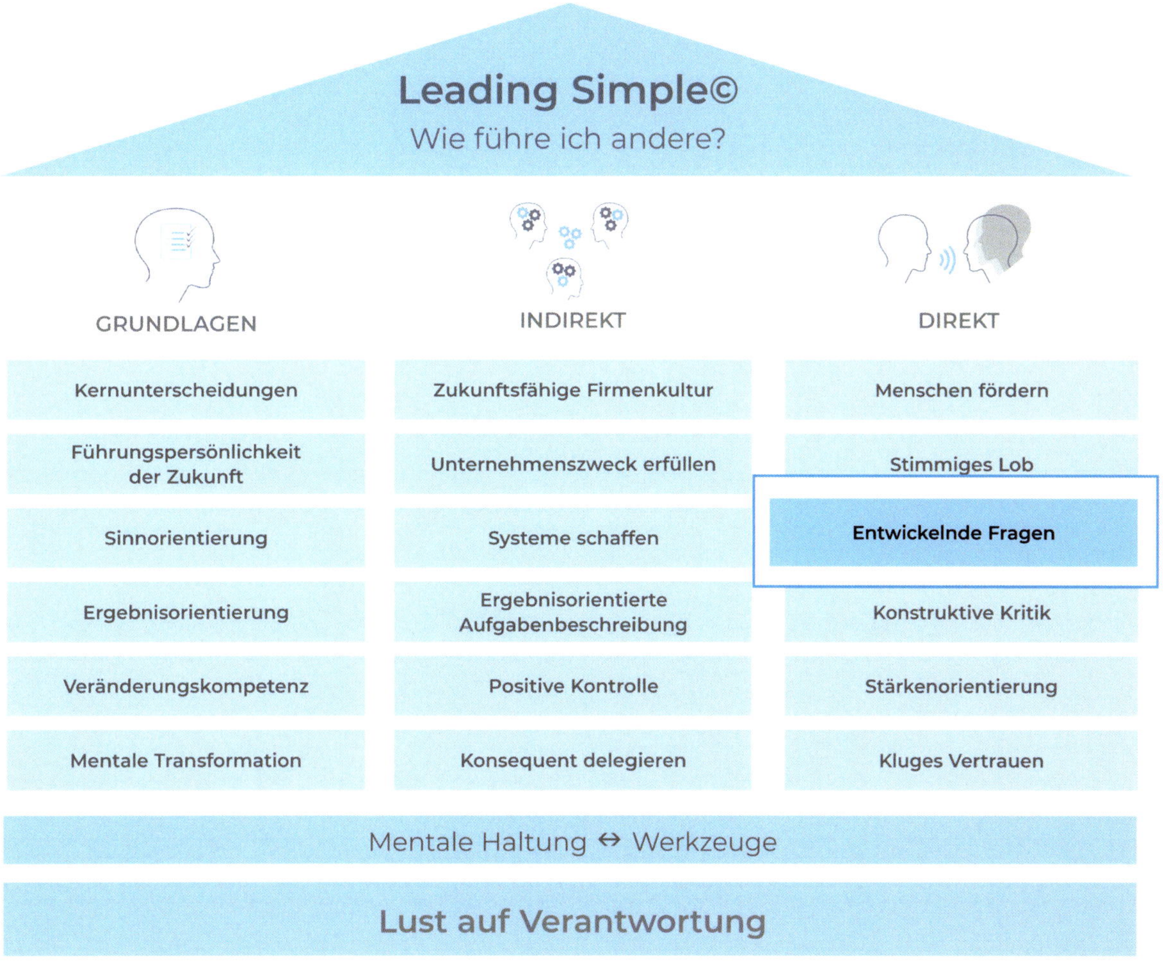

# Modul: Entwickelnde Fragen

Früher wurden durch Ansagen Mitarbeitende zum Erledigen von Aufgaben angeleitet. Es ging um Gehorsamkeit und Abarbeiten. Heute werden Fragen so gestellt, dass die Antworten im Kopf der Mitarbeitenden entstehen. Es geht um Einsicht und Mitdenken.

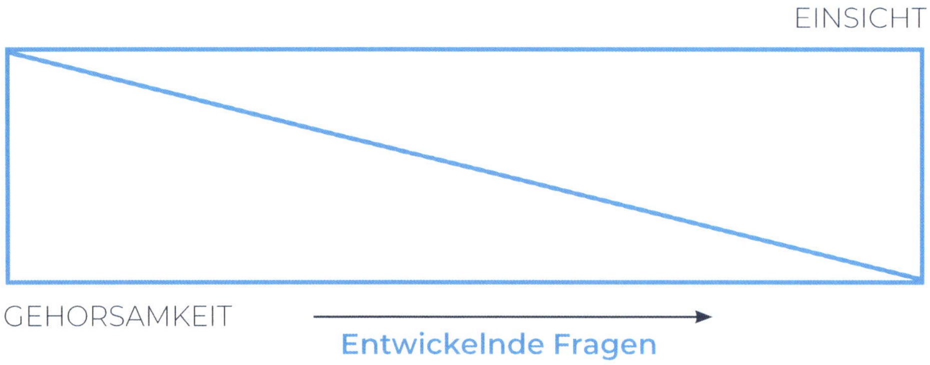


*Ich stelle mir vor, welche Antwort ich im Kopf eines anderen Menschen auslösen möchte. Beim Fragenstellen wähle ich die energetische Signatur der Hebamme. Ich mache das sichtbar, was im anderen verborgen ist, und verfolge nicht meine eigene Agenda.*

### Lektion 1: Was sind die Voraussetzungen für entwickelnde Fragen?

Der Umsetzer nutzt das konvergente Denken. Konvergentes Denken ist linear und geht den geraden Weg zum Ziel. Es erinnert an eine Schlange, die sich anschleicht und vorschnellend zupackt, um nicht mehr loszulassen. Der Erfinder setzt auf das divergente Denken. Es erinnert eher an einen Geier, der eine verletzte Beute umkreist.

Kurz: Divergentes Denken erschafft Neues, konvergentes Denken verdichtet Bekanntes.

Es gibt unterschiedliche Arten von Fragen:

| | |
|---|---|
| Dominierende Fragen: | Warum ist das schon wieder passiert? |
| Informierende Fragen: | Wo stehen wir in diesem Projekt auf dem Weg zum Ergebnis? |
| Kritische Fragen: | Was muss passieren, damit das nicht mehr vorkommt? |
| Bahnende Fragen: | Was muss passieren, damit Sie dieses Ergebnis zum jeweiligen Zeitpunkt erreicht haben? |

Umleiten: Nachdem wir durch informierende Fragen herausgefunden haben, dass ein Mitarbeitender nicht mehr auf Ergebniskurs ist, wird er durch bahnende Fragen auf den Weg gebracht.

1. Beschreiben Sie die Merkmale von „Konvergentem Denken" und „Divergentem Denken".

| Konvergentes Denken | Divergentes Denken |
|---|---|
| | |

! Durch kluge Fragen löst ein Leader einen Denkprozess beim Mitarbeitenden aus. Es ist eine Art unterstützende Nachdenkhilfe.

Direkt

2. Beschreiben Sie: In welchen Situationen denken Sie konvergent? Wann denken Sie eher divergent?

.............................................................................................................................

.............................................................................................................................

Ein Werkzeug ist nur so gut wie das Mindset dahinter. Es ist wichtig, sich selbst erst in **Divergenz** beziehungsweise **Konvergenz** zu bringen, um die jeweiligen entwickelnden Fragen zu stellen. Durch Fragen können wir anderen helfen, auf der Spur zu bleiben. Dies sollte ohne Kritik erfolgen!

## Lektion 2: Warum sind entwickelnde Frage notwendig?

1. Wie verteilen Sie Ihre Art der Kommunikation?

Lob: ..........................................   Kritik: ..................................................

Entwickelnde Fragen: ..................................   Keine Reaktion: ..........................

**Der Idealzustand**

| | | | |
|---|---|---|---|
| Lob: | 15 % | Kritik: | 15 % |
| Entwickelnde Fragen: | 70 % | Keine Reaktion: | 0 % |

| Lob + | Neutral | Kritik - |
|---|---|---|
| emotional | 70 % der Zeit | emotional |

Direkt

2. Füllen Sie bitte den Lückentext mit den angegebenen Begriffen aus.

Durch Fragen zeigen wir .................................. an ....................................... und ..................................... . Durch Interesse wird wiederum ..................................... symbolisiert. Dadurch wissen wir, was los ist. ......................................... ist die Art und Weise, Menschen bis zum ...................................... zu begleiten. Dadurch wissen wir, wo wir eingreifen müssen und können, zu viel ...................................... vermeiden. Im Delegieren sind ........................ ................. ein entscheidender Faktor.

| | | |
|---|---|---|
| Respekt | Sachen | Kritik |
| Interesse | Delegieren | Ergebnis |
| Entwickelnde Fragen | Menschen | |

**Lösung am Ende des Moduls**

3. Wie oft hat jemand bei Ihnen wirklich interessiert etwas nachgefragt? Denken Sie einmal zurück, ob es sich um ernsthaftes Interesse handelte. Interesse an Ihnen oder auch an der Situation oder doch nur, um einfach etwas zu fragen? Schildern Sie die Situation bitte.

   ..............................................................................................................................

   ..............................................................................................................................

   ..............................................................................................................................

   ..............................................................................................................................

   ..............................................................................................................................

Führungskräfte beschäftigen sich primär damit, andere zu entwickeln. Wenn Sie noch keine Führungskraft sind, beschäftigen Sie sich primär mit der eigenen Entwicklung.

**Lektion 3: Wann erzielen meine entwickelnden Fragen die maximale Wirkung?**

1. Wann, denken Sie, ist der richtige Zeitpunkt zum Umleiten?

   ..........

   ..........

2. Nennen Sie die fünf Prinzipien, die zur Umleitung beitragen können.

   ..........

   ..........

3. Waren Sie schon einmal selbst durch Ihr Denken blockiert? Wie konnten Sie diese Blockade lösen?

   ..........

   ..........

4. Oft sind Widerstände der Grund für Umleitungsgespräche. Wo gab es bei Ihnen in der Firma in der Vergangenheit Widerstände?

   ..........

   ..........

5. War immer ein Umleitungsgespräch nötig oder konnten Ihre Mitarbeitenden die Widerstände selbstständig lösen? Beschreiben Sie eine passende Situation.

   ..........

   ..........

! Durch umleitende Fragen werden Mitarbeitende, die sich gerade auf Abwegen befinden, wieder auf Ergebniskurs gebracht.

### Lektion 4: Wie setze ich entwickelnde Fragen in der Praxis ein?

Ich stelle mir vor, welche Antwort ich im Kopf eines anderen Menschen auslösen möchte. Beim Fragenstellen wähle ich die energetische Signatur der Hebamme. Ich mache das sichtbar, was im anderen verborgen ist. Ich verfolge nicht meine eigene Agenda.

Führen Sie nun ein Umleitungsgespräch durch oder simulieren Sie es. War das Gespräch erfolgreich und welche Schlüsse können Sie daraus ziehen?

Unterteilen Sie dieses Gespräch in:

1. **Feststellen**
   - ▸ Status quo beschreiben
   - ▸ Ergebnisstand durch Fragen ermitteln
   - ▸ Anerkennung ausdrücken

2. **Umleiten**
   - ▸ Lösung finden
   - ▸ Aufgabenstellung präzisieren oder neue Aufgabe zuteilen
   - ▸ Vertrauen ausdrücken

3. **Verbindlichkeit**
   - ▸ Präzise EOA aufstellen
   - ▸ gewünschtes Ergebnis eindeutig schriftlich festhalten

Anbei nun ein paar Beispielfragen, die Sie im Gespräch verwenden können. Entwickeln Sie außerdem noch eigene Fragen.

*Beispiele für entwickelnde Fragen unter Nutzung der Entwicklungsknöpfe:*

**1. Ziele:**

- Wie klar sehen Sie Ihr Vorhaben als Zielfoto zwischen 1 und 10?
- Wie präzise sehen Sie die Zwischenziele? Wie viele sind es?
- Wie hoch ist die Messbarkeit zwischen 1 und 10?
- Wie genau sehen Sie das Zeitfenster?
- Was müsste passieren, damit Sie das Ziel/Zwischenziel klarer sehen?

Direkt

**2. Selbstvertrauen**

- Wie sicher sind Sie sich, dass Sie das Ziel erreichen?
- Geht es nur um Sie oder auch um andere?
- Wie stark ist Ihr Glaube, dass die anderen ...?
- Haben Sie in der Vergangenheit Ähnliches erlebt und dann erfolgreich bewältigt?
- Welche Erfolgserlebnisse würden Ihnen helfen?
  Achtung: Am häufigsten wird Selbstvertrauen durch Konzentration auf den ersten Schritt erhöht! Auch ein Mehr an Wissen oder Erfahrung kann das Selbstvertrauen steigern!

**3. Wissen:**

- Welches Wissen könnte Ihnen helfen?
- Würde Ihnen ein bestimmtes Wissen helfen?
- Wenn Sie dieses Wissen hätten, welche Auswirkung hätte das auf?
- Wissen Sie, wo Sie sich dieses Wissen holen könnten?
- Kennen Sie eine Person, ein Buch, eine Fortbildung, die Ihnen ...?
- Welche Auswirkung hätte dieses Mehr an Wissen auf ...?

**4. Erfahrung:**

- Wie hoch schätzen Sie Ihren Erfahrungswert in Bezug auf dieses Vorhaben ein?
- Welche zusätzliche Erfahrung könnte Ihnen helfen?
- Woher könnten Sie Erfahrung holen?
- Haben Sie eine konkrete Vorstellung, wer Ihnen diese Erfahrung ...?
- Welche Auswirkung hätte diese Erfahrung auf ...?

*Vertiefen Sie dieses Modul in unserer Online-Lernwelt.*

www.grundl-institut.de/entwickelnde-fragen

**Lösung Lektion 2:** 1. Interesse 2. Menschen 3. Sachen 4. Respekt 5. Delegieren 6. Ergebnis 7. Kritik 8. entwickelnde Fragen

## Konstruktive Kritik:
## Wie führe ich Mitarbeitende durch eine schmerzvolle Einsicht zu besseren Ergebnissen?

Lektion 1: Was sind die Voraussetzungen für konstruktive Kritik? ☐
Lektion 2: Warum ist konstruktive Kritik notwendig? ☐
Lektion 3: Wann erzielt meine konstruktive Kritik die maximale Wirkung? ☐
Lektion 4: Wie setze ich konstruktive Kritik in der Praxis ein? ☐

# Modul: Konstruktive Kritik

Ein Leader ist sich bewusst: Ein Kritikgespräch ist kein Frustabladegespräch und kein Machtdemonstrationsgespräch. Es dient nur einem Zweck: die verantwortbaren Gründe für ein zu schwaches Ergebnis im Bewusstsein des Mitarbeitenden sichtbar zu machen.

**Lektion 1: Was sind die Voraussetzungen für konstruktive Kritik?**

! Ein Leader kritisiert ohne Anklage. Er macht Dinge einfach im Bewusstsein des anderen sichtbar.

- Was ist passiert?
- Woher weiß ich davon?
- Was mag ich an dieser Person?
- Was möchte ich mit diesem Gespräch erreichen?
- War die EOA bzw. der Verantwortungsbereich klar?
- Ist der Zeitpunkt richtig gewählt?

1. Versetzen Sie sich nun in ein Streitgespräch, das Sie vor Kurzem hatten, und überlegen Sie, ob Sie sich diese Fragen zuvor gestellt und wie Sie diese beantwortet haben.

..........

..........

..........

..........

2. Wie haben Sie dieses Streitgespräch begonnen und wie sind beide Parteien auseinander gegangen? War das Gespräch erfolgreich und wie lief es ab? Erzählen Sie bitte.

..........

..........

..........

..........

3. Gibt es einen Sündenbock bei Ihnen in der Firma? Wenn ja, was glauben Sie, wie fühlt sich diese Person? Versuchen Sie, diese Person doch einmal zu unterstützen, denn keiner ist gerne der Sündenbock! Wie könnte diese Unterstützung aussehen? Notieren Sie Ihre Antwort.

........................................

........................................

........................................

........................................

4. Welche Regeln beim Kritisieren kennen Sie? Nennen Sie mindestens drei.

........................................

........................................

........................................

........................................

> Die Grundvoraussetzung beim Kritisieren ist, dass Sie möchten, dass jemand wächst. Es sollte keine Absicht von Ihnen sein, Macht zu demonstrieren oder Frust abzulassen!

5. Nachdem alle Voraussetzungen (vorher diskutieren, entschuldigen...) erfüllt sind, kann kritisiert werden. Beim Kritisieren ist es wichtig, wie man die Kritik ausdrückt. Folgend lesen Sie Kritiksätze, die so nicht angewendet werden sollten! Formulieren Sie diese in konstruktive Kritik um, bei der Sie keine Du-Botschaften verwenden!

   a) **Du kommst immer zu spät!**
   *Beispiel:* Darf ich fragen, warum du heute entschieden hast, mich warten zu lassen?

   b) **Du hast den falschen Kunden angerufen und wichtige Bankdaten falsch übermittelt.**

   Umformulierung: ........................................

   ........................................

   c) **Bei Kundenterminen läufst du ganz schön freizügig herum.**

   Umformulierung: ........................................

   ........................................

   d) **Ständig quatscht du mit deiner Kollegin Natalie und Terminvorgaben hältst du auch nie ein.**

   Umformulierung: ........................................

   ........................................

   e) **In Stresssituationen meckerst du immer alle anderen an und verbreitest schlechte Stimmung im Team.**

   Umformulierung: ........................................

   ........................................

## Lektion 2: Warum ist konstruktive Kritik notwendig?

1. Beschreiben Sie die Charakteristika von Idealisten und Realisten.

| Idealisten | Realisten |
|---|---|
| | |
| | |
| | |

2. Was denken Sie, sind Sie eher idealistisch oder realistisch? Finden Sie es in dem folgenden Test heraus. Kreuzen Sie bitte die Aussagen an, denen Sie zustimmen.

Jeder Mensch sollte anderen Glück und Erfolg gönnen können. (1) ☐
Es wird nie eine gerechte Welt geben. (2) ☐
Ich würde gerne genug Geld haben, ohne dafür hart arbeiten gehen zu müssen. (3) ☐
Frauen werden immer mehr Karriere machen und die Familienplanung später angehen. (4) ☐
Ich habe genaue Vorstellungen, wie meine Zukunft aussieht. (5) ☐
Überwiegend Männer besetzen Führungspositionen. (6) ☐
Es wäre toll, wenn mein Leben von anhaltendem Erfolg geprägt wäre. (7) ☐

***Idealist*in:*** Haben Sie überwiegend ungerade Zahlen angekreuzt, dann sind Sie mehr idealistisch geprägt. Sie lassen die Realität etwas außer Acht und verfallen gerne in Schwärmerei. Sie sind sehr optimistisch und versuchen, alle Menschen um Sie herum zufrieden und glücklich zu machen.

***Realist*in:*** Haben Sie überwiegend gerade Zahlen angekreuzt, dann sind Sie mehr realistisch geprägt. Sie sind ein Wirklichkeitsmensch, der die Gegebenheiten des täglichen Lebens nüchtern und sachlich betrachtet und sich in seinem Handeln danach richtet.

! Das Ergebnis von konstruktiver Kritik ist die tatsächliche Übernahme des eigenen Teils der Verantwortung an einem zu schwachen Ergebnis.

3. Welche Aussage ist korrekt?

   A: Letztendlich geht es um die Wünsche, nicht die Ergebnisse.
   B: Letztendlich geht es um die Ergebnisse, nicht die Wünsche.

4. Sind Sie eher auf Harmonie oder Auseinandersetzung aus? Begründen Sie Ihre Antwort. Beschreiben Sie jeweils eine erlebte Situation.

   ........................................

   ........................................

   ........................................

   ........................................

5. Es gibt sehr harmoniebedürftige Menschen, die sich nie streiten. Ist dies eine gesunde Einstellung bei einer Auseinandersetzung? Brauchen wir den Streit nicht, um wieder zur Harmonie zu finden? Erläutern Sie Ihren Standpunkt bitte.

   ........................................

   ........................................

   ........................................

   ........................................

6. Schreiben Sie bitte die jeweiligen Anteile (in Prozent) auf, aus denen sich die Gesamtkommunikation zusammensetzt.

   Lob ........................................

   Umleiten ........................................

   Kritik ........................................



**Lösung:** B

### Lektion 3: Wann erzielt meine konstruktive Kritik die maximale Wirkung?

Zur Vorbereitung des Kritikgesprächs gehen Sie noch einmal folgende Liste durch:

**Vorbereitung:**

1. Bin ich mir sicher? Warum? Ich prüfe, bis ich mir wirklich die Berechtigung zur Kritik geben kann.
2. Ich frage mich vor dem Kritisieren: Was mag ich an dieser Person?
3. Was ärgert mich wirklich? Ich bin ehrlich. Ich kritisiere erst, wenn ich das schwache Ergebnis nicht mehr persönlich nehme.
4. Ich kritisiere möglichst zeitnah am Fehlverhalten.

1. Was denken Sie, zu welchem Zeitpunkt sollte man kritisieren? Beispiel: wenn die Beschwerden oder Ausreden zunehmen.

   ..........................................................................................................

   ..........................................................................................................

   ..........................................................................................................

   ..........................................................................................................

2. Machen Sie die Botschaft sichtbar und heben Sie den Unterschied zwischen Bote und Botschaft hervor. Haben Sie schon einmal eine Botschaft falsch aufgenommen und sich angegriffen gefühlt? Wenn ja, beschreiben Sie das Erlebnis und Ihre Gefühlslage dabei näher.

   ..........................................................................................................

   ..........................................................................................................

   ..........................................................................................................

Direkt

**Lektion 4: Wie setze ich konstruktive Kritik in der Praxis ein?**

Eine reife Persönlichkeit erkennen wir daran, dass sie bewusst entscheidet, welches Feedback sie annimmt und welches nicht.

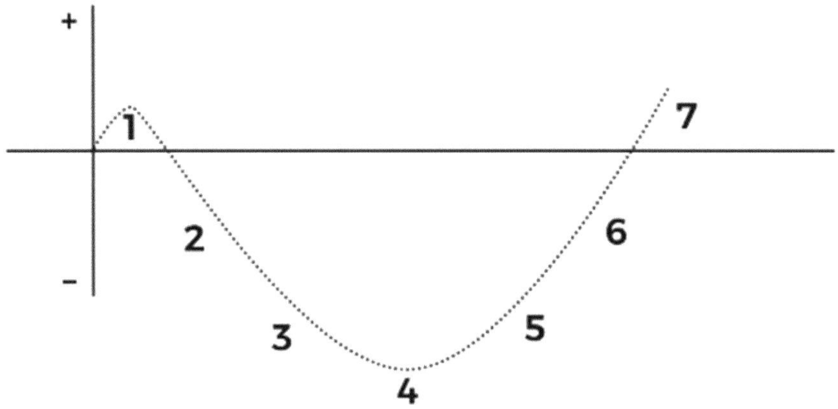


Emotionaler Ablauf eines Kritikgesprächs:

**Gesprächsablauf:**

1. Ich spreche zuerst das Verbindende an.
2. Ich benenne konkret, was ich nicht mag.
3. Ich teile meine Gefühle darüber mit. Ich gebe keine Chance zur Rechtfertigung.
4. Stille (Chance, sich selbst zu verurteilen).
5. Ich frage: Was wirst du (konkret) tun?
6. Ich bringe das Gespräch wieder in Richtung Zukunft.
7. Ich versichere mein Zutrauen.
8. Ich verabschiede mich freundlich und sage: „Ich bin gespannt auf das Ergebnis."

1. Simulieren Sie ein Kritikgespräch – seien Sie dabei der Kritikgeber. Wie ging es Ihnen in der jeweiligen Phase?

   Phase 1: ..............................

   Phase 2: ..............................

   Phase 3: ..............................

   Phase 4: ..............................

   Phase 5: ..............................

   Phase 6: ..............................

   Phase 7: ..............................

   Phase 8: ..............................

2. Simulieren Sie ein Kritikgespräch – seien Sie dabei der Kritiknehmer. Wie ging es Ihnen in der jeweiligen Phase?

   Phase 1: ..............................

   Phase 2: ..............................

   Phase 3: ..............................

   Phase 4: ..............................

   Phase 5: ..............................

   Phase 6: ..............................

   Phase 7: ..............................

   Phase 8: ..............................

*Vertiefen Sie dieses Modul in unserer Online-Lernwelt.*

www.grundl-institut.de/konstruktive-kritik

## Stärkenorientierung:
## Wie sorge ich dafür, dass Mitarbeitende ihre Talente erkennen, sie zu Stärken entwickeln und damit bessere Ergebnisse liefern?

Lektion 1: Wie hat die Gesellschaft uns geprägt? ☐
Lektion 2: Was macht diese Prägung mit Ihnen? ☐
Lektion 3: Wie können wir das Stärken- und Schwächenprinzip verstehen? ☐
Lektion 4: Wie können Sie Ihre Stärken herausfinden und weiterentwickeln? ☐
Lektion 5: Wie können Sie die Stärken Ihrer Mitarbeitenden herausfinden und weiterentwickeln? ☐
Lektion 6: Wie gehen Sie mit Schwächen um? ☐

**Zusatzinhalte:**
Talent-Leitmotive ☐

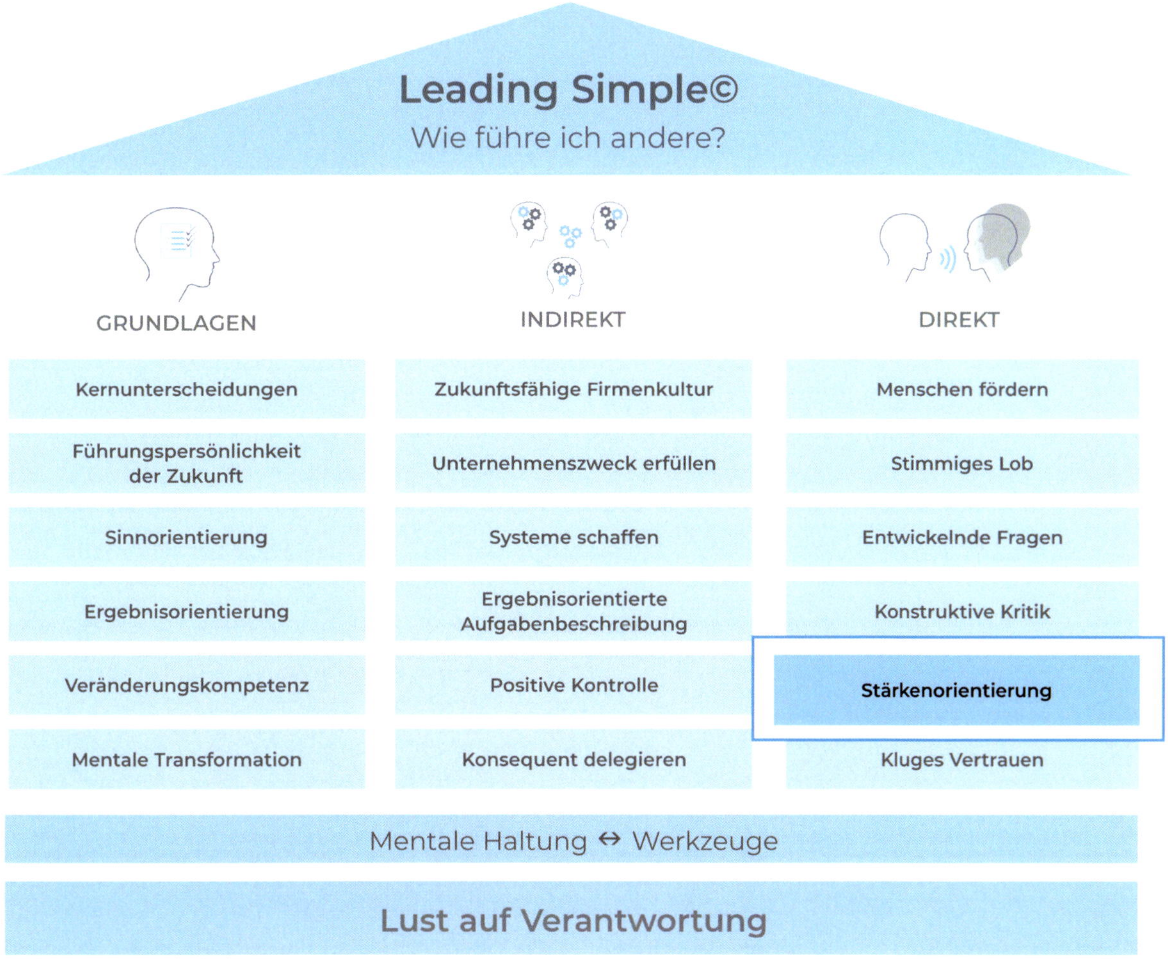

# Modul: Stärkenorientierung

Einem Leader ist klar, dass ein unkontrollierter Perfektionismus das Bewusstsein zu sehr auf Schwächen und Fehler lenkt. Dadurch entsteht Durchschnitt. Es geht bei der menschlichen Entwicklung darum, das auszubauen, was da ist. Mitarbeitende transformieren sich mental, wenn sie ihre Talente erkennen, sie zu Stärken entwickeln und damit anderen Menschen dienen.

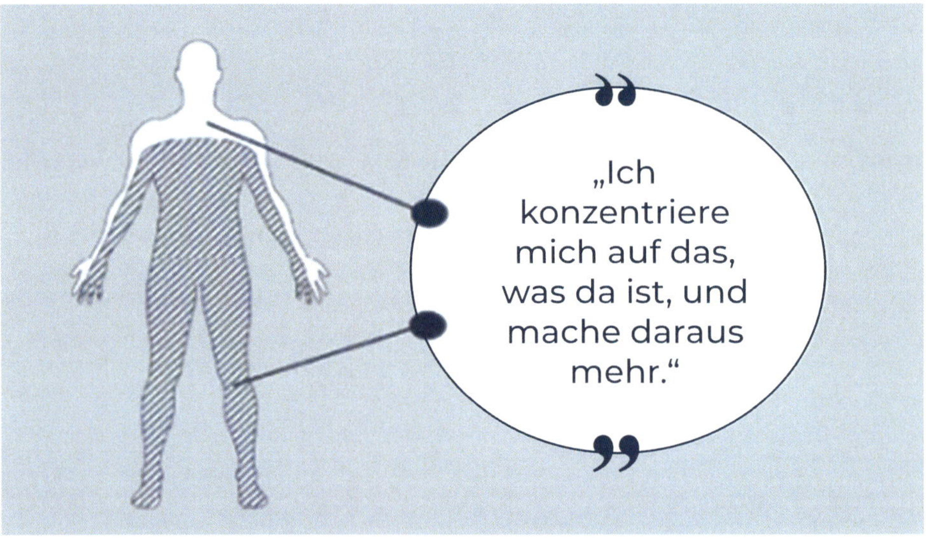


Beispiel Boris Grundl ■ 90 % gelähmt
□ 10 % Nicht gelähmt

### Lektion 1: Wie hat die Gesellschaft uns geprägt?

**!** Wir alle haben unsere eigene Geschichte, unser eigenes Leben und unsere eigenen inneren Berge.

1. Überlegen Sie einmal, was Sie alles machen, um anderen Menschen zu gefallen. Als Hilfestellung können Sie sich drei Aspekte überlegen, die Sie tun, weil Sie souverän wirken möchten.

........................................................................................................

........................................................................................................

........................................................................................................

........................................................................................................

Direkt

2. Wie gehen Sie mit Ihren Stärken und Schwächen um? Konzentrieren Sie sich auf Ihre Stärken und bauen diese aus – oder legen Sie Ihren Fokus vor allem auf Ihre Schwächen und wollen diese ausmerzen?

..................................................

..................................................

..................................................

**Entlarven Sie Ihre Prägung**

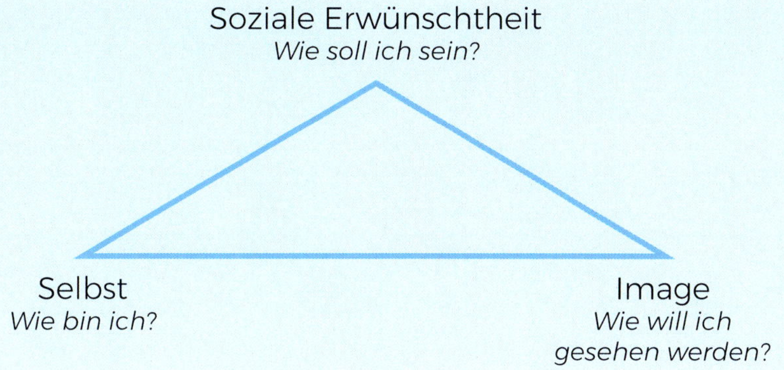


3. Welches Bild versuchen Sie von sich zu vermitteln, das Ihnen nicht entspricht? Dies anzuerkennen ist nicht einfach. Versuchen Sie sich jedoch bewusst zu machen, wo Ihnen dieses Image im Weg steht. Welche Ängste begleiten Sie dabei?

..................................................

..................................................

..................................................

4. Ein Kind kommt mit zehn Schulnoten nach Hause – sechs Noten sind durchschnittlich, zwei herausragend gut, zwei herausragend schlecht.

   Wohin geht der Fokus?

..................................................

Direkt

### Lektion 2: Was macht diese Prägung mit Ihnen?

1. Wie differenziert sehen Sie Ihre Schwächen? Wo geht Ihre Energie zumeist hin?

2. Versuchen Sie einmal einzuordnen, wie viel Sie loben – und wie viel Sie kritisieren. Zeichnen Sie mit zwei verschiedenen Farben ein, wie sehr Sie sich selbst loben oder kritisieren – und wie viel Sie andere loben oder kritisieren. Was praktizieren Sie mehr?

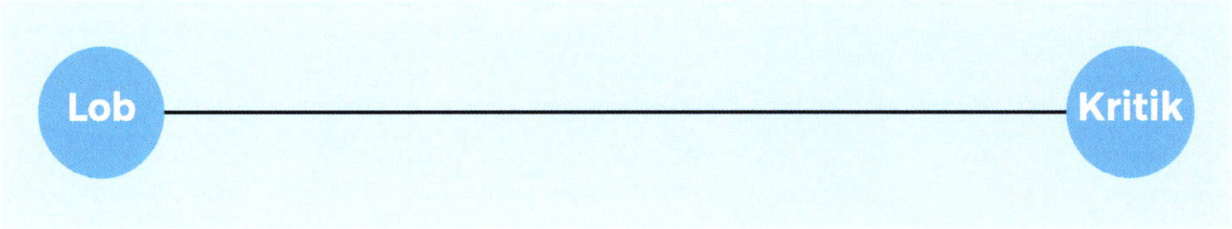


3. Unter welchen Schwächen leiden Sie? Wie können Sie diese annehmen und Ihren Fokus verschieben?

**Lektion 3: Wie können wir das Stärken- und Schwächenprinzip verstehen?**

1. Welche Talente haben Sie bereits gezielt zu Stärken ausgebaut? Nennen Sie drei.

   ........................................

   ........................................

   ........................................

2. In welcher Weise dienen Sie mit Ihren Stärken anderen Menschen?

   ........................................

   ........................................

   ........................................

3. Welche Schwäche empfinden Sie an sich unerträglich? Wie können Sie diese erträglich machen?

   ........................................

   ........................................

   ........................................

4. Wie bewusst ist Ihnen Ihre Einzigartigkeit? Versuchen Sie einmal auf der Grundlage Ihrer Stärken Ihr Alleinstellungsmerkmal herauszufinden.

   ........................................

   ........................................

   ........................................

**!** Die Erkenntnis über die eigenen Stärken & Schwächen schärft das Bewusstsein für Stärken & Schwächen bei anderen.

**!** Stärken sind nicht das, was wir gerne tun, sondern das, was wir auf einem hohen Niveau konstant liefern können.

## Lektion 4: Wie können Sie Ihre Stärken herausfinden und weiterentwickeln?

Bevor Sie diese Übung beginnen, lesen Sie bitte die ausführliche Erklärung auf Seite 293.

### *Selbsteinschätzung*

! Wer sich auf das konzentriert, was da ist, der kann mehr daraus machen. Und dann schaut man, wie weit man kommt.

Wie schätzen Sie Ihre Talente ein? Bitte kreuzen Sie bei jeder Eigenschaft an, wie ausgeprägt diese Ihrer Meinung nach bei Ihnen ist. Es geht allein um Ihre persönliche Einschätzung, die Sie vor niemandem rechtfertigen müssen. Entscheiden Sie am besten schnell und intuitiv.

*5 = sehr stark ausgeprägt*
*4 = deutlich ausgeprägt*
*3 = ausgeprägt*
*2 = weniger ausgeprägt*
*1 = etwas ausgeprägt*
*0 = kaum ausgeprägt*

| | | | | | | |
|---|---|---|---|---|---|---|
| 1. Achtsamkeit | 5 | 4 | 3 | 2 | 1 | 0 |
| 2. Analytische Intelligenz | 5 | 4 | 3 | 2 | 1 | 0 |
| 3. Anpassungsfähigkeit | 5 | 4 | 3 | 2 | 1 | 0 |
| 4. Autorität | 5 | 4 | 3 | 2 | 1 | 0 |
| 5. Begeisterungsfähigkeit | 5 | 4 | 3 | 2 | 1 | 0 |
| 6. Bindungsintelligenz | 5 | 4 | 3 | 2 | 1 | 0 |
| 7. Differenzierte Talentwahrnehmung | 5 | 4 | 3 | 2 | 1 | 0 |
| 8. Disziplin | 5 | 4 | 3 | 2 | 1 | 0 |
| 9. Einfühlungsvermögen | 5 | 4 | 3 | 2 | 1 | 0 |
| 10. Fähigkeit, andere zu entwickeln | 5 | 4 | 3 | 2 | 1 | 0 |
| 11. Geltungsbedürfnis | 5 | 4 | 3 | 2 | 1 | 0 |
| 12. Gerechtigkeitsstreben | 5 | 4 | 3 | 2 | 1 | 0 |
| 13. Harmoniebedürfnis | 5 | 4 | 3 | 2 | 1 | 0 |
| 14. Integrationsstreben | 5 | 4 | 3 | 2 | 1 | 0 |

| | | | | | | |
|---|---|---|---|---|---|---|
| 15. Intellektuelle Intelligenz | 5 | 4 | 3 | 2 | 1 | 0 |
| 16. Kommunikationsfähigkeit | 5 | 4 | 3 | 2 | 1 | 0 |
| 17. Kontaktfreude | 5 | 4 | 3 | 2 | 1 | 0 |
| 18. Konzentrationsfähigkeit | 5 | 4 | 3 | 2 | 1 | 0 |
| 19. Leistungsorientierung | 5 | 4 | 3 | 2 | 1 | 0 |
| 20. Lernbereitschaft und Wissbegier | 5 | 4 | 3 | 2 | 1 | 0 |
| 21. Organisationstalent | 5 | 4 | 3 | 2 | 1 | 0 |
| 22. Fähigkeit zur Problembewältigung | 5 | 4 | 3 | 2 | 1 | 0 |
| 23. Sammellust | 5 | 4 | 3 | 2 | 1 | 0 |
| 24. Selbstbewusstsein | 5 | 4 | 3 | 2 | 1 | 0 |
| 25. Ausrichtung auf Spitzenleistung | 5 | 4 | 3 | 2 | 1 | 0 |
| 26. Strategische Intelligenz | 5 | 4 | 3 | 2 | 1 | 0 |
| 27. Tatkraft | 5 | 4 | 3 | 2 | 1 | 0 |
| 28. Überzeugungsorientierung | 5 | 4 | 3 | 2 | 1 | 0 |
| 29. Verantwortungsgefühl | 5 | 4 | 3 | 2 | 1 | 0 |
| 30. Verbundenheit | 5 | 4 | 3 | 2 | 1 | 0 |
| 31. Vorstellungskraft | 5 | 4 | 3 | 2 | 1 | 0 |
| 32. Wettbewerbsorientierung | 5 | 4 | 3 | 2 | 1 | 0 |
| 33. Zukunftsorientierung | 5 | 4 | 3 | 2 | 1 | 0 |
| 34. Verständnis für Zusammenhänge | 5 | 4 | 3 | 2 | 1 | 0 |

## *Fremdeinschätzung*

Welche Talente hat .......................................................?
(*Bitte Name eintragen*) Wie schätzen Sie die Talente dieser Person ein? Bitte kreuzen Sie bei jeder Eigenschaft an, wie ausgeprägt diese ist. Es geht allein um Ihre persönliche Einschätzung, die Sie vor niemandem rechtfertigen müssen. Entscheiden Sie schnell und intuitiv.

*5 = sehr stark ausgeprägt*
*4 = deutlich ausgeprägt*
*3 = ausgeprägt*
*2 = weniger ausgeprägt*
*1 = etwas ausgeprägt*
*0 = kaum ausgeprägt*

| | | | | | | |
|---|---|---|---|---|---|---|
| 1. Achtsamkeit | 5 | 4 | 3 | 2 | 1 | 0 |
| 2. Analytische Intelligenz | 5 | 4 | 3 | 2 | 1 | 0 |
| 3. Anpassungsfähigkeit | 5 | 4 | 3 | 2 | 1 | 0 |
| 4. Autorität | 5 | 4 | 3 | 2 | 1 | 0 |
| 5. Begeisterungsfähigkeit | 5 | 4 | 3 | 2 | 1 | 0 |
| 6. Bindungsintelligenz | 5 | 4 | 3 | 2 | 1 | 0 |
| 7. Differenzierte Talentwahrnehmung | 5 | 4 | 3 | 2 | 1 | 0 |
| 8. Disziplin | 5 | 4 | 3 | 2 | 1 | 0 |
| 9. Einfühlungsvermögen | 5 | 4 | 3 | 2 | 1 | 0 |
| 10. Fähigkeit, andere zu entwickeln | 5 | 4 | 3 | 2 | 1 | 0 |
| 11. Geltungsbedürfnis | 5 | 4 | 3 | 2 | 1 | 0 |
| 12. Gerechtigkeitsstreben | 5 | 4 | 3 | 2 | 1 | 0 |
| 13. Harmoniebedürfnis | 5 | 4 | 3 | 2 | 1 | 0 |
| 14. Integrationsstreben | 5 | 4 | 3 | 2 | 1 | 0 |
| 15. Intellektuelle Intelligenz | 5 | 4 | 3 | 2 | 1 | 0 |
| 16. Kommunikationsfähigkeit | 5 | 4 | 3 | 2 | 1 | 0 |
| 17. Kontaktfreude | 5 | 4 | 3 | 2 | 1 | 0 |
| 18. Konzentrationsfähigkeit | 5 | 4 | 3 | 2 | 1 | 0 |

| | | | | | | |
|---|---|---|---|---|---|---|
| 19. Leistungsorientierung | 5 | 4 | 3 | 2 | 1 | 0 |
| 20. Lernbereitschaft und Wissbegier | 5 | 4 | 3 | 2 | 1 | 0 |
| 21. Organisationstalent | 5 | 4 | 3 | 2 | 1 | 0 |
| 22. Fähigkeit zur Problembewältigung | 5 | 4 | 3 | 2 | 1 | 0 |
| 23. Sammellust | 5 | 4 | 3 | 2 | 1 | 0 |
| 24. Selbstbewusstsein | 5 | 4 | 3 | 2 | 1 | 0 |
| 25. Ausrichtung auf Spitzenleistung | 5 | 4 | 3 | 2 | 1 | 0 |
| 26. Strategische Intelligenz | 5 | 4 | 3 | 2 | 1 | 0 |
| 27. Tatkraft | 5 | 4 | 3 | 2 | 1 | 0 |
| 28. Überzeugungsorientierung | 5 | 4 | 3 | 2 | 1 | 0 |
| 29. Verantwortungsgefühl | 5 | 4 | 3 | 2 | 1 | 0 |
| 30. Verbundenheit | 5 | 4 | 3 | 2 | 1 | 0 |
| 31. Vorstellungskraft | 5 | 4 | 3 | 2 | 1 | 0 |
| 32. Wettbewerbsorientierung | 5 | 4 | 3 | 2 | 1 | 0 |
| 33. Zukunftsorientierung | 5 | 4 | 3 | 2 | 1 | 0 |
| 34. Verständnis für Zusammenhänge | 5 | 4 | 3 | 2 | 1 | 0 |

## *Talente-Auswertung: Selbsteinschätzung – Fremdeinschätzung*

Lassen Sie sich von einer Person in Ihrem beruflichen Umfeld einschätzen und vergleichen Sie die Ergebnisse mit Ihrer Selbsteinschätzung. Stimmen die Tendenzen überein?

*5 = sehr stark ausgeprägt*
*4 = deutlich ausgeprägt*
*3 = ausgeprägt*
*2 = weniger ausgeprägt*
*1 = etwas ausgeprägt*
*0 = kaum ausgeprägt*

| | | | | | | |
|---|---|---|---|---|---|---|
| 1. Achtsamkeit | 5 | 4 | 3 | 2 | 1 | 0 |
| 2. Analytische Intelligenz | 5 | 4 | 3 | 2 | 1 | 0 |
| 3. Anpassungsfähigkeit | 5 | 4 | 3 | 2 | 1 | 0 |
| 4. Autorität | 5 | 4 | 3 | 2 | 1 | 0 |
| 5. Begeisterungsfähigkeit | 5 | 4 | 3 | 2 | 1 | 0 |
| 6. Bindungsintelligenz | 5 | 4 | 3 | 2 | 1 | 0 |
| 7. Differenzierte Talentwahrnehmung | 5 | 4 | 3 | 2 | 1 | 0 |
| 8. Disziplin | 5 | 4 | 3 | 2 | 1 | 0 |
| 9. Einfühlungsvermögen | 5 | 4 | 3 | 2 | 1 | 0 |
| 10. Fähigkeit, andere zu entwickeln | 5 | 4 | 3 | 2 | 1 | 0 |
| 11. Geltungsbedürfnis | 5 | 4 | 3 | 2 | 1 | 0 |
| 12. Gerechtigkeitsstreben | 5 | 4 | 3 | 2 | 1 | 0 |
| 13. Harmoniebedürfnis | 5 | 4 | 3 | 2 | 1 | 0 |
| 14. Integrationsstreben | 5 | 4 | 3 | 2 | 1 | 0 |
| 15. Intellektuelle Intelligenz | 5 | 4 | 3 | 2 | 1 | 0 |
| 16. Kommunikationsfähigkeit | 5 | 4 | 3 | 2 | 1 | 0 |
| 17. Kontaktfreude | 5 | 4 | 3 | 2 | 1 | 0 |
| 18. Konzentrationsfähigkeit | 5 | 4 | 3 | 2 | 1 | 0 |
| 19. Leistungsorientierung | 5 | 4 | 3 | 2 | 1 | 0 |
| 20. Lernbereitschaft und Wissbegier | 5 | 4 | 3 | 2 | 1 | 0 |

| | | | | | | |
|---|---|---|---|---|---|---|
| 21. Organisationstalent | 5 | 4 | 3 | 2 | 1 | 0 |
| 22. Fähigkeit zur Problembewältigung | 5 | 4 | 3 | 2 | 1 | 0 |
| 23. Sammellust | 5 | 4 | 3 | 2 | 1 | 0 |
| 24. Selbstbewusstsein | 5 | 4 | 3 | 2 | 1 | 0 |
| 25. Ausrichtung auf Spitzenleistung | 5 | 4 | 3 | 2 | 1 | 0 |
| 26. Strategische Intelligenz | 5 | 4 | 3 | 2 | 1 | 0 |
| 27. Tatkraft | 5 | 4 | 3 | 2 | 1 | 0 |
| 28. Überzeugungsorientierung | 5 | 4 | 3 | 2 | 1 | 0 |
| 29. Verantwortungsgefühl | 5 | 4 | 3 | 2 | 1 | 0 |
| 30. Verbundenheit | 5 | 4 | 3 | 2 | 1 | 0 |
| 31. Vorstellungskraft | 5 | 4 | 3 | 2 | 1 | 0 |
| 32. Wettbewerbsorientierung | 5 | 4 | 3 | 2 | 1 | 0 |
| 33. Zukunftsorientierung | 5 | 4 | 3 | 2 | 1 | 0 |
| 34. Verständnis für Zusammenhänge | 5 | 4 | 3 | 2 | 1 | 0 |

**Lektion 5: Wie können Sie die Stärken Ihrer Mitarbeitenden herausfinden?**

ANDERE STARK MACHEN WOLLEN

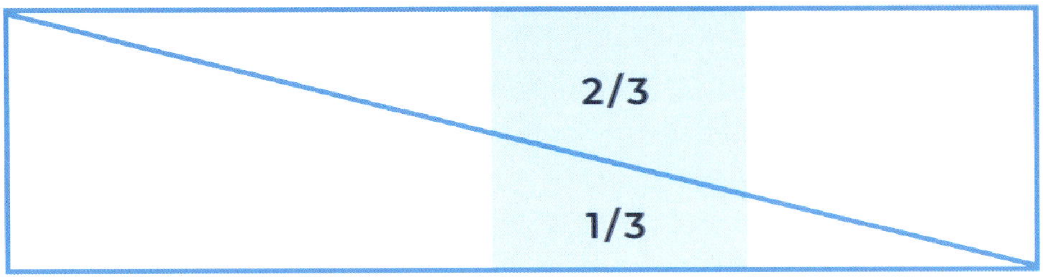


ANDERE ABHÄNGIG MACHEN WOLLEN

Werden Sie sich Ihrer wahren Motive immer bewusster.

***Checkliste***:

1. Fragen Sie den betreffenden Mitarbeiter (nach dem, was er kann, nicht nach dem, was er mag).
2. Fragen Sie andere Mitarbeitende.
3. Beobachten Sie den Mitarbeiter – und machen Sie sich Notizen.
4. Kontrollieren Sie ihn (unter anderem anhand des Budgetplans).
5. Führen Sie regelmäßig eine Leistungsbeurteilung durch.
6. Lesen Sie die schriftlichen Berichte genau.
7. Machen Sie für sich und Ihre Mitarbeitenden den obigen Stärkentest. Gleichen Sie die Ergebnisse mit den Sichtweisen anderer ab.

1. Welches Menschenbild leitet Sie?

.......................................................................................................

.......................................................................................................

.......................................................................................................

.......................................................................................................

2. Nehmen Sie bei Ihren Mitarbeitenden eher Stärken oder eher Schwächen wahr? Denken Sie ruhig beispielhaft an ein oder zwei Mitarbeitende und spielen Sie dies gedanklich durch.

..............................................................................................................................

..............................................................................................................................

..............................................................................................................................

..............................................................................................................................

3. Möchten Sie andere Menschen stark machen oder wollten Sie diese bisher im Griff haben?

..............................................................................................................................

..............................................................................................................................

..............................................................................................................................

..............................................................................................................................

4. Wie kann es Ihnen gelingen, Ihre mentale Haltung so zu verschieben, dass Sie eher Stärken wahrnehmen als Schwächen?

..............................................................................................................................

..............................................................................................................................

..............................................................................................................................

..............................................................................................................................

Es werden Lösungen für tolerierbare Schwächen gefunden. Nicht tolerierbare Schwächen werden auf ein tolerierbares Niveau gebracht.

## Lektion 6: Wie gehen Sie mit Schwächen um?

**Prägung:**

- Ich darf keine Schwäche zeigen.
- Ich bin halt so.
- Ich leide an einer unverarbeiteten Verletzung.
- Andere trampeln auf mir herum.

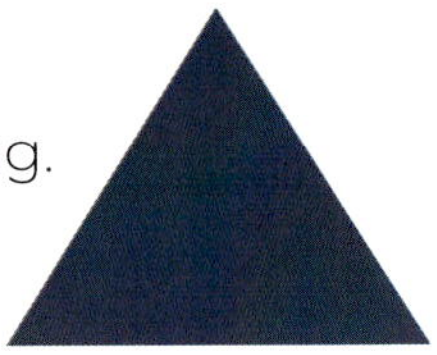


**So können Sie mit Schwächen umgehen:**

1. Schaffen Sie Sensibilität zu dem Thema.
2. Differenzieren Sie zwischen tolerierbaren und nicht tolerierbaren Schwächen.
3. Warum müssen Sie sich von den nicht tolerierbaren Schwächen trennen?
4. Reduzieren Sie nicht tolerierbare Schwächen zu tolerierbaren Schwächen.

Gehen Sie folgendermaßen vor:

- mangelndes Wissen ▸ lernen
- fehlende Fähigkeit ▸ üben
- Bild „großes Ganzes“ fehlt ▸ wiederholen und mit einbeziehen
- schlechte Gewohnheiten ▸ sehr schwer veränderbar

**Untolerierbare Schwäche:** Untolerierbare Schwächen sind selbstzerstörerisch. Trinke ich so viel Alkohol, dass es meine Gesundheit massiv schädigt, dann ist diese Schwäche nicht tolerierbar.

**Tolerierbare Schwäche:** Tolerierbare Schwächen sind vertretbar. Trinke ich bei besonderen Anlässen ein Glas Wein, dann ist diese Schwäche tolerierbar.

1. Wie bewusst sind Ihnen Ihre tolerierbaren und nicht tolerierbaren Schwächen?

   ..........................................................................................

2. Wo stecken Sie noch zu viel Energie in Schwächen?

   ..........................................................................................

## Leitmotive

st besser als Nachsicht." Sie sind der Mei-
ermaßen unberechenbar ist, und wollen
ötig exponieren. Sie halten nichts davon,
en, sondern tun im Gegenteil alles, um
gen. Auf diese Weise kann jede einzelne
ert, eingeschätzt und auf ein Minimum

ojektiven, unvoreingenommenen Beob-
schillernde Idee ist an Ihren kritischen
Seifenblase. Sie interessiert, inwiefern
prünglichen Theorien beziehungsweise
ion passt. In den Augen Ihrer Mitmen-
ittlich.

tick. Die Zukunft ist für Sie eine Realität,
idungen entsteht, die Sie in der Gegen-
ngsfähigkeit verleiht Ihnen die Fähigkeit,
em hohen Maß an Flexibilität zu reagie-
ist Unvorhergesehenes für Sie kein Pro-

ng gebildet haben, teilen Sie diese gern
larheit in Beziehungen und fordern von
ätssinn und Ehrlichkeit. In Ihren Augen
rste Schritt, ein Problem zu lösen. Man
a Sie eindeutig Stellung beziehen und
hre Autorität und Präsenz wirken moti-
hlen sich zu Ihnen hingezogen.

**5. Begeisterungsfähigkeit**
Sie geizen nicht mit Lob, und Ihre Ausstrahlung ist geprägt von unbeschwerter Heiterkeit, um die Sie so mancher beneidet. Die Menschen in Ihrer Umgebung schätzen Ihre Gesellschaft und lassen sich gern von Ihrer Unbekümmertheit anstecken. Sie wissen immer, wie Sie andere mit Ihrem Frohsinn mitreißen können.

**6. Bindungsintelligenz**
Sie legen Wert auf Ihre Freundschaften. Dank der Ihnen eigenen Bindungsfähigkeit schätzen Sie jedoch eine vertraute Umgebung. Sobald Sie jemanden näher kennengelernt haben, streben Sie eine Vertiefung der Beziehung an. Ihnen ist klar, dass sich aus einer solch engen Beziehung auch allerhand Probleme ergeben können. Davon lassen Sie sich jedoch in keiner Weise abschrekken, Sie interessieren sich nun mal ausschließlich für echte Beziehungen.

**7. Differenzierte Talentwahrnehmung**
Sie sind fasziniert von den einzigartigen Veranlagungen, die Sie bei jedem einzelnen Menschen wahrnehmen. Verallgemeinerungen und sämtliche Ausprägungen von Schubladendenken sind Ihnen dagegen zuwider. Ihre ganze Aufmerksamkeit gilt den Unterschieden, die zwischen verschiedenen Personen bestehen. Der Umgang mit Ihren Mitmenschen wird durch Ihre Fähigkeit zur differenzierten Wahrnehmung erheblich erleichtert. Sie sind davon überzeugt, dass es in einem Team darum geht, einzelnen Mitarbeitenden die Gelegenheit zu geben, ihre Stärken optimal einzusetzen.

**8. Disziplin**
Sie haben ein Bedürf nis nach Ordnung und Planung und bringen Struktur in Ihre Umwelt. Sie orientieren sich an festen Gewohnheiten und legen Zeitrahmen und Fristen fest. Auf Präzision wollen Sie keinesfalls verzichten. Ihre Gewohnheiten, Zeitpläne und festen Strukturen sorgen dafür, dass Sie die Kontrolle nicht verlieren. Sie mögen keine Überraschungen, ärgern sich über Fehler und pflegen Gewohnheiten.

**9. Einfühlungsvermögen**
Sie verfügen über die Fähigkeit, sich in andere hineinzuversetzen, und sind in der Lage, die Welt aus deren Perspektive zu betrachten. Sie hören nämlich auch die unausgesprochenen Fragen und erfassen auf intuitive Weise die Bedürfnisse anderer Menschen. Deshalb fühlen sich Menschen von Ihnen angezogen.

**10. Fähigkeit, andere zu entwickeln**
Sie sehen in anderen Menschen hauptsächlich das verborgene Potenzial. Sie sind der Ansicht, dass in Sachen Entwicklung niemandem Grenzen gesetzt sind. In jedem Menschen steckt eine Menge nicht verwirklichtes Können. Sie werden von diesem Potenzial angezogen. Sie selbst beziehen aus den Wachstumssignalen, die Sie an anderen bemerken, Stärke und Genugtuung.

**11. Geltungsbedürfnis**
Ihnen ist es wichtig, in den Augen anderer als bedeutsame Person zu erscheinen und anerkannt zu werden. Sie wollen gehört werden und legen Wert darauf, sich von anderen abzuheben. Sie verlangen Anerkennung für die einzigartigen Stärken, die Sie von anderen unterscheiden. Ihren Wünschen und Vorlieben messen Sie eine große Bedeutung bei.

**12. Gerechtigkeitsstreben**
Sie legen Wert auf das richtige Gleichgewicht und geben sich Mühe, alle Menschen gleich zu behandeln. Sie halten nichts von einem System, in dem bestimmte Personen aufgrund Ihrer Beziehungen, ihres gesellschaftlichen Hintergrundes oder einfach, weil sie ihrem Glück nachzuhelfen wissen, stets die Nase vorn haben. Sie favorisieren eine Umgebung, in der klare Regeln herrschen, die für alle Beteiligten gleichermaßen gelten.

**13. Harmoniebedürfnis**
Sie suchen nach Bereichen, in denen Übereinstimmung herrscht. Sie wissen, dass Konflikte nirgendwohin führen, und reduzieren deswegen Unstimmigkeiten auf ein Minimum. Bei unterschiedlichen Ansichten bemühen Sie sich stets, die Gemeinsamkeiten zu betonen. Harmonie ist ein zentraler Wert für Sie. Ihnen ist klar, dass alle im selben Boot sitzen und ohne das Boot nicht ans Ziel kommen.

**14. Integrationsstreben**
Sie sind davon überzeugt, dass alle Menschen in irgendeiner Weise integriert werden sollten, um sich als Teil einer Gruppe zu fühlen. Ihnen missfällt die Vorstellung, dass Menschen ausgeschlossen werden und ganz allein dastehen. Alle sind etwas Besonderes und alle sind gleich wichtig, deswegen haben alle das Recht, beachtet zu werden.

**15. Intellektuelle Intelligenz**
Sie denken viel nach und schätzen überhaupt jede geistige Aktivität. Ihnen geht es nicht darum, womit sich Ihr Verstand auseinandersetzt, sondern darum, dass Sie ihn ständig beschäftigen. Sie leisten sich in gewisser Weise am liebsten selbst Gesellschaft, weil Sie dann ganz ungestört in sich hineinhorchen und Ihren Gedanken nachgehen können. Ein Leben ohne ständige geistige Aktivität ist für Sie unvorstellbar.

**16. Kommunikationsfähigkeit**
Sie fühlen sich wohl, wenn Sie etwas erklären oder beschreiben dürfen. Sie lieben öffentliche Auftritte. Sie übernehmen bereitwillig die Aufgaben eines Moderators und natürlich schreiben Sie auch gern. Eine einfache Begebenheit verwandeln Sie in eine spannende Story, die Sie in den buntesten Farben erzählen. Sie haben die Begabung, das Interesse Ihrer Mitmenschen zu wecken, deren Blick zu schärfen und sie zum Handeln anzuregen.

**17. Kontaktfreude**
Mit Vergnügen gehen Sie auf unbekannte Menschen zu und gewinnen deren Sympathie im Handumdrehen. Fremde Gesichter haben für Sie etwas ungemein Anziehendes. Ihnen bereitet es jedes Mal aufs Neue Vergnügen, das Eis zu brechen und zu beobachten, wie Ihr Gegenüber auftaut. In Ihrer Welt gibt es keine Fremden. Nur Freunde, die Sie noch nicht kennengelernt haben.

**18. Konzentrationsfähigkeit**
Diese Frage stellen Sie sich täglich: »Wohin gehe ich?« Als zielorientierter Mensch brauchen Sie klar umrissene Ziele. Diese dienen Ihnen als Kompass, mit dessen Hilfe Sie Prioritäten festlegen und notwendige Korrekturen vornehmen, die Sie wieder zurück auf den richtigen Kurs bringen. Die Kehrseite der Medaille besteht

darin, dass Sie auf Verzögerungen, Hindernisse und Ablenkungen, und seien diese noch so angenehm, mit Ungeduld reagieren. Sämtliche Wege, die Sie nicht Ihren Zielen näher bringen, sind bedeutungslos.

**19. Leistungsorientierung**
Sie werden von einem beständigen Bedürfnis getrieben, etwas zu erreichen und Leistung zu erbringen. Sie fangen jeden Tag bei null an und brauchen am Abend ein greifbares Ergebnis, andernfalls wären Sie mit sich selbst unzufrieden. Angetrieben von ihrem Ehrgeiz wollen Sie ständig mehr schaffen, mehr erreichen. Wenn Sie dann an einem bestimmten Ziel angelangt sind, ist Ihr Ehrgeiz nur für kurze Zeit zufriedengestellt. Ihre Unzufriedenheit hält Sie in Bewegung.

**20. Lernbereitschaft und Wissbegier**
Sie lernen leidenschaftlich gern. Es ist für Sie kein Problem, sich kurzfristig in ein neues Projekt einzuarbeiten, um anschließend sofort das nächste Projekt in Angriff zu nehmen. Unter solchen Bedingungen blühen Sie so richtig auf. Dabei wollen Sie nicht unbedingt auf einem bestimmten Gebiet zum Profi werden. Der Lernprozess interessiert Sie mehr als sein Ergebnis.

**21. Organisationstalent**
Wenn Sie einer komplexen Situation gegenüberstehen, sind Sie immer bestrebt, Ihre Aufgaben auf die eleganteste Weise zu erledigen. Ihre Mitmenschen fragen sich, wie man nur so viele Dinge gleichzeitig in seine Überlegungen einbeziehen kann. Sie sind immer auf der Suche nach der richtigen Lösung. Sie begeben sich mitten ins Chaos, machen neue Möglichkeiten ausfindig, erschließen neuartige, effiziente Wege, gehen neue Partnerschaften ein und halten sich dabei sämtliche Optionen offen.

**22. Fähigkeit zur Problembewältigung**
Sie lösen für Ihr Leben gern Probleme. Bei wachsenden Problemen werden Sie erst so richtig munter. Mit einem wahren Feuereifer machen Sie sich an die Fehleranalyse, finden heraus, wodurch die Störung verursacht wurde und wie sie beseitigt werden kann. Es macht Sie regelrecht glücklich, Fehler aufzuspüren, auszumerzen und dafür zu sorgen, dass alles wieder reibungslos funktioniert.

**23. Sammellust**
Sie interessieren sich für ganz viele verschiedene Dinge und sammeln alles Mögliche – das können konkrete Gegenstände oder immaterielle Dinge sein. Vielleicht sammeln Sie Bücher und Zitate oder auch Fakten. Die ganze Welt ist in ihrer Vielfältigkeit und Komplexität ungemein aufregend. Materialien zu sammeln und zu bewahren ist für Sie ein interessanter Vorgang, der Ihre geistige Frische erhält.

**24. Selbstbewusstsein**
Als selbstbewusster Mensch sind Sie von Ihren Stärken und Fähigkeiten überzeugt. Sie wissen, was Sie können, und sind in der Lage, Risiken abzuwägen, Herausforderungen anzunehmen, Ansprüche geltend zu machen und selbstverständlich Leistung zu erbringen. Niemand sieht die Welt mit Ihren Augen und folglich kann auch niemand Entscheidungen für Sie treffen oder Ihnen irgendwelche Vorschriften machen. Unabhängig von der konkreten Situation scheinen Sie immer zu wissen, was gerade zu tun ist.

**25. Ausrichtung auf Spitzenleistungen**
Sie orientieren sich nicht am Durchschnitt, sondern streben nach Perfektion. Nur mit intensivem Einsatz und verstärkten Anstrengungen kann eine unterdurchschnittliche Leistung über den Durchschnitt angehoben werden. Für Sie gibt es nichts Fesselnderes als echtes Talent. Sie gehen vor wie ein Edelsteinschleifer, der einen ganz unscheinbaren Stein in ein Kunstwerk verwandelt.

**26. Strategische Intelligenz**
Dank Ihrer strategischen Begabung sind Sie in der Lage, sich durch jedes erdenkliche Dickicht zu schlagen und den direkten Weg zum Ziel zu finden. Sie können aus Ihrem Blickwinkel Muster erkennen, wo für andere nur ein unübersichtliches Durcheinander herrscht. Sobald deutlich ist, welche Schritte wohin führen, beginnen Sie, sämtliche unbrauchbaren Wege auszuschließen. Auf diese Weise finden Sie stets den für Sie richtigen Weg.

**27. Tatkraft**
Eine Ihrer wesentlichen Fragen lautet: »Wann können wir loslegen?« Sie sind jederzeit bereit zuzupacken, denn Sie sind zutiefst

davon überzeugt, dass eigentlich nur konkrete Schritte wirklich zählen. Sobald eine Entscheidung getroffen wurde, können Sie nicht anders, Sie machen sich sogleich energisch ans Werk. Ihre Tatkraft ist eine unerschöpfliche Quelle, die Ihnen auch Ihre geistige Beweglichkeit sichert.

**28. Überzeugungsorientierung**
Sie orientieren sich an Ihrer inneren Überzeugung und haben eine stabile Werteskala. Sie legen Wert auf Verantwortungsbewusstsein und Moral. Diese Grundwerte bilden die Basis für Ihr Handeln und verleihen Ihrem Leben Sinn. Ihre Freunde vertrauen Ihnen vorbehaltlos, weil sie wissen, wo Sie stehen. Sie verlangen von Ihrer Arbeit, dass sie sinnvoll ist.

**29. Verantwortungsgefühl**
Sie halten Ihr Wort, und wo Sie Verpflichtungen eingegangen sind, fühlen Sie sich auch verantwortlich. Von Ausflüchten, Entschuldigungen und faulen Ausreden halten Sie gar nichts. Auf Sie kann man sich hundertprozentig verlassen. Sind neue Aufträge zu verteilen, werden Sie immer zuerst bedacht, weil dann sichergestellt ist, dass die Aufgaben auch erledigt werden.

**30. Verbundenheit**
Sie sind davon überzeugt, dass es für alles, was geschieht, einen Grund gibt. Sie glauben daran, dass alle Menschen miteinander verbunden sind. Beuten wir andere aus, führt das dazu, dass wir uns selbst zerstören. Quälen wir andere, werden wir selbst leiden. Sie übernehmen gerne die Rolle des Vermittlers zwischen verschiedenen Kulturen. Sie sind spirituellen Werten gegenüber aufgeschlossen.

**31. Vorstellungskraft**
Vorstellungen und Ideen faszinieren Sie. Sie freuen sich jedes Mal, wenn Sie unter einer relativ komplexen Oberfläche auf ein simples, aber wirkungsvolles Erklärungsmuster stoßen. Es bereitet Ihnen regelrecht Vergnügen, wenn Sie allgemein bekannte Zusammenhänge aus einer ungewöhnlichen Perspektive beleuchten können. Dies gibt Ihnen neuartige Erkenntnisse und schafft Klarheit.

**32. Wettbewerbsorientierung**
Kampfgeist hat seinen Ursprung im Vergleich. Sie verfolgen aufmerksam die Leistung anderer und verwenden diese als Messlatte zur Beurteilung Ihrer eigenen Leistung. Wie alle kämpferischen Naturen brauchen auch Sie andere Menschen, an denen Sie sich messen können. Eigentlich gibt es nichts, was Sie lieber tun, als zu siegen.

**33. Zukunftsorientierung**
Fasziniert von der Zukunft, lassen Sie Ihren Blick gern über den Horizont hinausschweifen. Sie malen sich bis ins Detail aus, welche aufregenden Möglichkeiten die Zukunft für Sie bereithält. Sie machen sich konkrete Vorstellungen davon, was Sie in der Zukunft erwartet, und lassen sich Ihre Visionen nicht so leicht nehmen. Häufig interessieren sich auch andere für Ihre Visionen, sodass Sie den Blickwinkel Ihrer Mitmenschen erweitern und ihnen neue Perspektiven eröffnen.

**34. Verständnis für Zusammenhänge**
Sie richten Ihren Blick zurück in die Vergangenheit, um die Gegenwart zu verstehen und zukünftige Entwicklungen vorherzusehen. Sie wollen wissen, womit alles anfing, deswegen lesen Sie Geschichtsbücher und Biografien. Dort, wo Sie sich einen Überblick verschafft haben, sind Sie in der Lage, angemessene Entscheidungen zu treffen. Informationen über die Entwicklung eines Menschen helfen Ihnen, besser mit diesem zusammenzuarbeiten.

Direkt

*Vertiefen Sie dieses Modul in unserer Online-Lernwelt.*

www.grundl-institut.de/staerken-orientierung

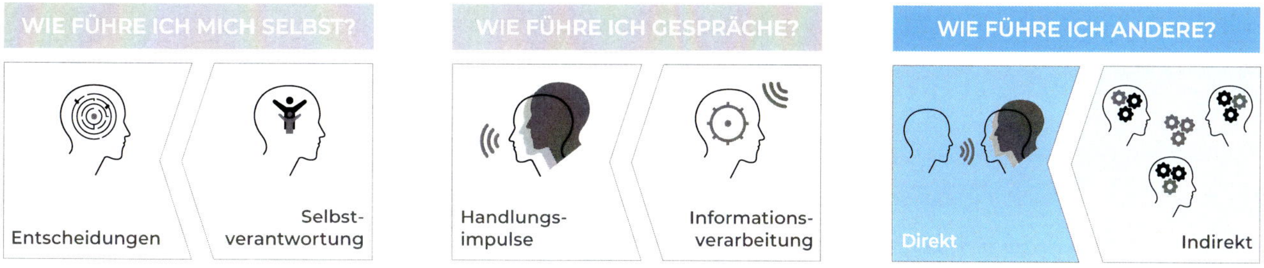
WIE FÜHRE ICH MICH SELBST?
Entscheidungen
Selbst-
verantwortung
WIE FÜHRE ICH GESPRÄCHE?
Handlungs-
impulse
Informations-
verarbeitung
WIE FÜHRE ICH ANDERE?
Direkt
Indirekt

## Kluges Vertrauen:
## Wie erhöht der bewusste Umgang mit Vertrauen & Misstrauen die Wertschöpfungskette?

- Lektion 1: Wie ensteht Glaubwürdigkeit? ☐
- Lektion 2: Warum fällt uns Vertrauen so schwer? ☐
- Lektion 3: Welche Mythen stehen Vertrauen im Weg? ☐
- Lektion 4: Welche Formen des Vertrauens gibt es? ☐
- Lektion 5: Welches sind die Feinde des Vertrauens? ☐
- Lektion 6: Wie entsteht kluges Vertrauen? ☐

Direkt

# Modul: Kluges Vertrauen

Ein Leader sorgt für Professionalität am Arbeitsplatz. Das gilt auch für Beziehungen. Durch den bewussten Umgang mit Vertrauen und Misstrauen entsteht Schnelligkeit in einer Firmenkultur. Alle entscheidenden Informationen gelangen zügig dorthin, wo sie hingehören. Somit wird kluges Vertrauen zu Geld.

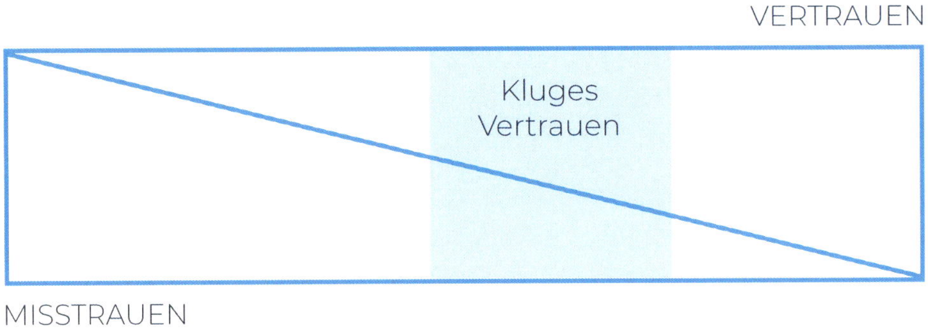


Kluges Vertrauen ist das Bewusstsein, gleichzeitig zu zwei Dritteln zu vertrauen und ein Drittel misstrauisch zu sein.

### Lektion 1: Wie ensteht Glaubwürdigkeit?

**Charakter**
Integrität x Absicht

---

**Fähigkeit**
Kompetenz x Ergebnisse

1. Wie integer sind Sie? Integrität setzt sich zusammen aus einem Gleichgewicht von Wunsch und Wille. Während wir im Wunsch festmachen, wer wir gern wären, zeigen wir in der Tat, wer wir wirklich sind. Wo stecken Sie in der Diskrepanz zwischen Wunsch und Wille fest und wo hingegen decken sich Ihre Taten mit dem, was Sie sagen? Nennen Sie jeweils drei Punkte.

   ..............................................................................................................

   ..............................................................................................................

   ..............................................................................................................

.....................................................................................................

.....................................................................................................

.....................................................................................................

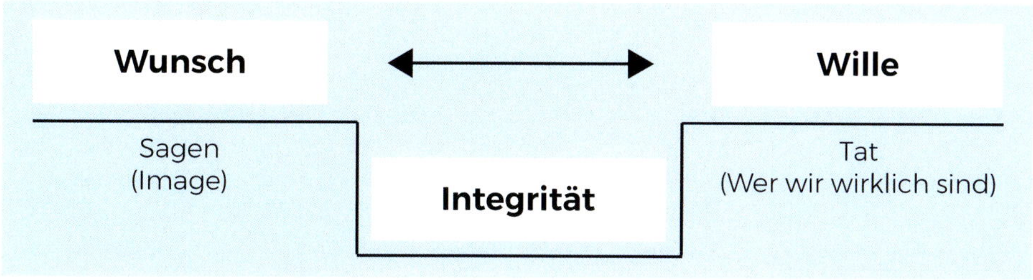


2. Ermitteln Sie selbst, welches Weltbild hinter Ihren Absichten steckt: Wo hindert Sie Ihre Haltung und wo ist sie förderlich? (A = Absicht, H = Haltung)

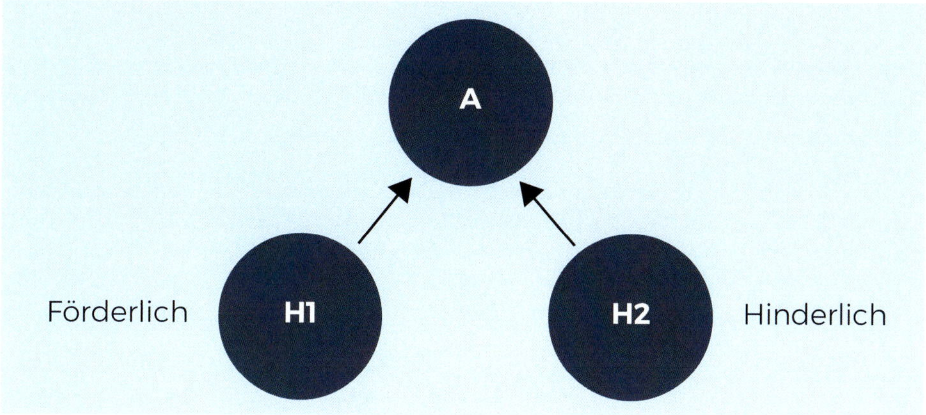


.....................................................................................................

.....................................................................................................

3. In welchen Bereichen fällt Ihnen es besonders leicht, integer zu sein? In welchen Bereichen fällt es Ihnen deutlich schwerer? Worin besteht der Unterschied?

.....................................................................................................

.....................................................................................................

! Je mehr wir unsere Entwicklungskompetenz in den Dienst anderer Menschen gestellt haben, umso größer ist unsere Vertrauenskompetenz!

Direkt

4. Mit welcher mentalen Haltung haben Sie in der Vergangenheit auf Vertrauen und Misstrauen geblickt? Haben Sie Ihre mentale Haltung erkannt und kluges Vertrauen entwickeln können? Überlegen Sie eine Situation, in der Ihnen das gelungen ist. Und wo müssen Sie Ihre Vertrauenskompetenz noch verbessern?

Zu viel Vertrauen **Kluges Vertrauen** Zu wenig Vertrauen

..............................................................................................................................

..............................................................................................................................

5. Lebensergebnisse basieren auf der Kommunikation mit uns selbst und wie wir uns selbst angenommen haben. Diese zeigen sich in Form unserer Glaubwürdigkeit. Folgende Faktoren können dazu gehören. Suchen Sie sich zwei heraus oder überlegen Sie auch eigene Punkte, in denen Sie Ihre Glaubwürdigkeit noch erhöhen wollen.

**Beziehung zu sich selbst** **Stabilität von Beziehungen**

**Selbstwert** **Familiäre Klarheit**

**Problemlösung** **Gesundheitslevel** **Verantwortungsbereiche**

**Umgang mit Rückschlägen**

Direkt

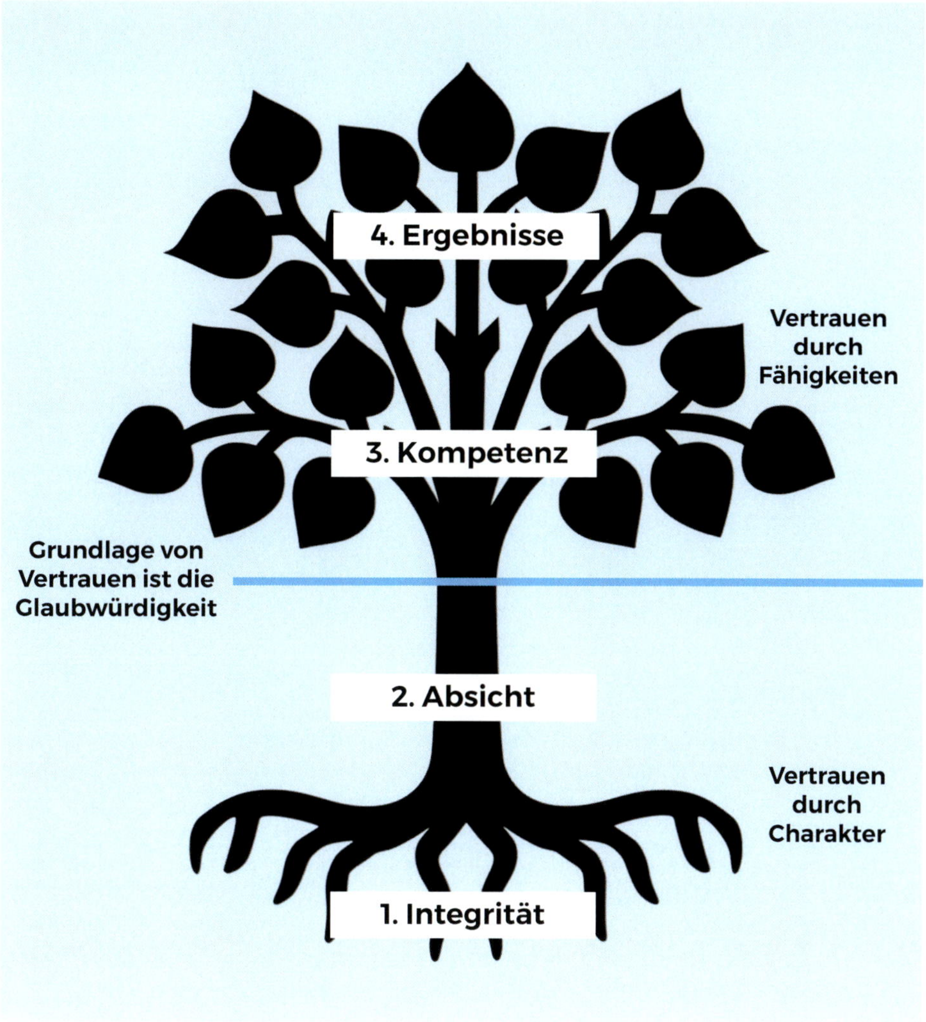
4. Ergebnisse
Vertrauen durch Fähigkeiten
3. Kompetenz
Grundlage von Vertrauen ist die Glaubwürdigkeit
2. Absicht
Vertrauen durch Charakter
1. Integrität

**Lektion 2: Warum fällt uns Vertrauen so schwer?**

1. Mit Blick auf Ihr Menschenbild sollten Sie sich fragen: Wann haben Sie in Ihrem Leben schon einmal nach einem Vertrauensbruch jemandem vergeben? Versetzen Sie sich in diese Situation zurück und beschreiben Sie diese.

   ..........................................................................................

   ..........................................................................................

   ..........................................................................................

2. Wer vergeben kann, muss danach lernen, wieder vertrauen zu können.

Füllen Sie bitte folgenden Lückentext aus.

Sie glauben nicht, was Sie in Ihren Mitarbeitenden sehen, sondern Sie sehen, was Sie über Ihre Mitarbeitenden

Ihre Einstellung können Sie nicht verbergen: Ihre Körpersprache macht % Ihrer Kommunikation aus.

Ihr Selbstbild ist ebenfalls von maßgeblicher Bedeutung.

Das Bild, das Sie von sich tief in Ihrem Inneren haben, bestimmt unter anderem Ihr

Je mehr Sie sich selbst vertrauen und zutrauen, umso mehr können Sie vertrauen und zutrauen.

> *Ihre Persönlichkeit ist die Trägerwelle Ihrer Wirkung auf andere Menschen.*

Während die Persönlichkeit bei der Frage nach Vertrauen also zu 60 % ausschlaggebend ist, entscheidet die Kompetenz zu 40 %.

**Kompetenz = Wissen x Erfahrung**

> *Ihre Kompetenz ist der Inhalt, den die Trägerwelle transportiert.*

**Lösung: 1.** glauben/denken – **2.** 55 – **3.** Selbstvertrauen – **4.** anderen

3. Wenn wir ein Stärkenprofil vorgeben, aber eigentlich auf Distanz gehen, vermitteln wir den Eindruck, dass wir nicht vertrauenswürdig sind. Die Konsequenz ist, dass Menschen uns Vertrauen entziehen. Üben Sie, auch Schwäche zu zeigen. Erkennen Sie an, wo Sie im Inneren sensibel sind, und kommunizieren Sie dies. So machen Sie es anderen Menschen leichter, Ihnen zu vertrauen. Versuchen Sie es hier einmal schriftlich:

.................................................................................................

.................................................................................................

.................................................................................................

.................................................................................................

.................................................................................................

!

Menschen respektieren Sie für Ihre Stärken. Und Sie lieben Sie, für Ihre Schwächen, für Ihre Stimmigkeit und Ihre Menschlichkeit.

4. Wie können Sie andersherum Zugang zu anderen Menschen finden und deren Verletzbarkeit anerkennen – und somit ebenfalls Vertrauen erzeugen?

.................................................................................................

.................................................................................................

.................................................................................................

.................................................................................................

.................................................................................................

**Lektion 3: Welche Mythen stehen Vertrauen im Weg?**

Die 7 Denkblockaden über Vertrauen:

1. Vertrauen ist ein weicher Erfolgsfaktor.
2. Wer vertraut, kontrolliert nicht.
3. Vertrauen ist langsam und unbedeutend.
4. Vertrauen beruht nur auf Integrität.
5. Vertrauen – Misstrauen: Null oder Eins.
6. Verlorenes Vertrauen ist nicht wiederherstellbar.
7. Vertrauen ist nicht lehrbar oder lernbar.

! Durch Kontrolle entsteht Vertrauen.

1. Beschreiben Sie nun ein alltägliches Beispiel, in dem Kontrolle/Selbstkontrolle Ihr Handeln beeinflusst. Versetzen Sie sich in diese Situation. Wie fühlen Sie sich dabei? Welche Rolle spielt Vertrauen?

......................................................................................................................................................

......................................................................................................................................................

......................................................................................................................................................

......................................................................................................................................................

......................................................................................................................................................

......................................................................................................................................................

Direkt

## Lektion 4: Welche Formen des Vertrauens gibt es?

**Wie entsteht Selbstvertrauen?**

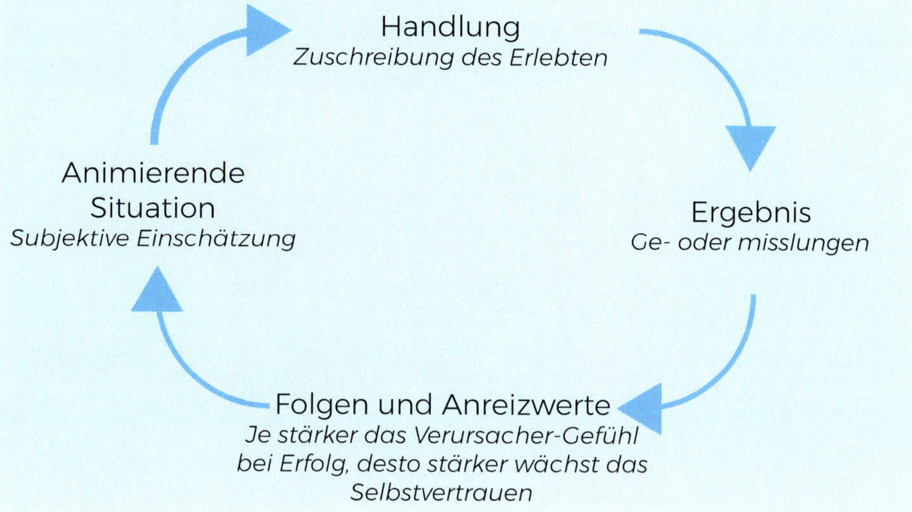


### Wie groß ist Ihr Vertrauen?

1. Messen Sie Ihr Vertrauensniveau und ordnen Sie nachfolgend Ihr Vertrauen einer Skala von 1 bis 5 zu, wobei 1 sehr geringes Vertrauen und 5 sehr hohes Vertrauen bedeutet.

| | | | | | |
|---|---|---|---|---|---|
| Vertrauen in die Gesellschaft | 1 | 2 | 3 | 4 | 5 |
| Vertrauen in die Wirtschaft | 1 | 2 | 3 | 4 | 5 |
| Vertrauen in Organisationen | 1 | 2 | 3 | 4 | 5 |
| Vertrauen in Beziehungen | 1 | 2 | 3 | 4 | 5 |
| Vertrauen in Sie selbst | 1 | 2 | 3 | 4 | 5 |

2. Wurde Ihr Vertrauen auf einer der genannten Ebenen schon einmal missbraucht? Wenn ja, wie sind Sie damit umgegangen?

Direkt

3. Wurde Ihr Selbstvertrauen schon einmal positiv oder negativ beeinflusst? Wie können Sie kluges Vertrauen entwickeln?

.................................................................................................................

.................................................................................................................

.................................................................................................................

.................................................................................................................

4. Wie können Sie Ihr Selbstvertrauen bewusst entwickeln? Überlegen Sie dazu. Haben Sie Ihr Selbstvertrauen schon einmal in einer bestimmten Situation verloren? Wenn ja, wie haben Sie sich dabei gefühlt und wie haben Sie Ihr Selbstvertrauen danach wieder gesteigert?

.................................................................................................................

.................................................................................................................

.................................................................................................................

.................................................................................................................

5. Haben Sie es schon einmal geschafft, das Selbstvertrauen von anderen zu steigern? Wenn ja, wie?

.................................................................................................................

.................................................................................................................

.................................................................................................................

.................................................................................................................

**Lektion 5: Welches sind die Feinde des Vertrauens?**

!

1. **Angst und Furcht**
   Angst entsteht immer dann, wenn
   a) keine klaren Erwartungen kommuniziert werden.
   b) kein Feedback erfolgt.
   c) keine klaren Leistungsnormen festgelegt werden.
   d) nicht nachvollziehbare Personalentscheidungen getroffen werden.

2. **Ablehnen von Verantwortung**
   Nach außen und nach oben ist immer die Führungskraft verantwortlich; nur nach innen wird die Verantwortung weiter differenziert.

3. **Beanspruchen von Erfolgen für sich**
   Nach außen und nach oben sollte gelten: Läuft es gut, ist dies den Mitarbeitenden zu verdanken; läuft es durchschnittlich, waren es Mitarbeitende und Führung; läuft es aber schlecht, sind die Führungskräfte verantwortlich zu machen.

4. **Mangelnde Information der Mitarbeitenden über die wahren Unternehmensziele**
   Wer nicht informiert ist, fühlt sich übergangen. Darum müssen die Ziele kommuniziert werden, und zwar immer und immer wieder.

5. **»Abschlachten« in der Öffentlichkeit**
   Kritische Auseinandersetzungen müssen grundsätzlich unter vier Augen erfolgen; niemand darf öffentlich niedergemacht werden.

6. **Lügen**
   Bleiben Sie stets bei der Wahrheit. Dabei müssen Sie freilich nicht jeden über alles aufklären.
   Beschönigen Sie nicht, wo es nichts zu beschönigen gibt; das wäre falsch verstandene Loyalität.

7. **Widerspruch zwischen Worten und Taten**
   Sorgen Sie für Kongruenz und Integrität; seien Sie ein Vorbild.

8. **Rüpelhaftes Verhalten**
   Achten Sie darauf, Anstand und Taktgefühl zu zeigen, sodass allen klar ist: Diese Person weiß sich zu benehmen.

9. **Verzicht auf Kontrolle**
   Wer nicht kontrolliert, demonstriert Inkompetenz und/oder mangelndes Interesse. In jedem Fall lädt er zum Missbrauch ein.
10. **Falscher Umgang mit Fehlern**
   Für allgemeine oder Systemfehler sollten Sie niemals eine Person verantwortlich machen. Verzeihen Sie Fehler, ansonsten schaffen Sie eine Atmosphäre der Angst.
11. **Unfähigkeit, sich zu entschuldigen**
   Wenn Ihr Verhalten fehlerhaft war: Entschuldigen Sie sich!

**Bekämpfen Sie die 11 Feinde des Vertrauens:**

1. Suchen Sie sich zwei der 11 Ansätze heraus und setzen Sie diese einen Tag lang um. Notieren Sie Ihre Erfahrungen. Ich schaffe Vertrauen, indem ich ...

a) ... klare Erwartungen kommuniziere, stets Feedback gebe und Personalentscheidungen nachvollziehbar begründe.
b) ... die sechs Stufen der Verantwortung in meinem Team sichtbar mache.
c) ... mit einem transparenten System und stichprobenartig kontrolliere.
d) ... konsequent bei Vertrauensmissbrauch vorgehe.
e) ... Anerkennung an den Ursprung weiterleite.
f) ... klar die zu erwartenden Ergebnisse kommuniziere.
g) ... niemanden in der Öffentlichkeit »zerlege«.
h) ... an meiner Integrität, Absichten, Kompetenz und Ergebnissen arbeite.
i) ... Intriganten erkenne und zur Rede stelle.
j) ... stets den Regeln entsprechend konstruktiv kritisiere.
k) ... meine Fehler offen zugebe, mich dafür entschuldige und mein Verhalten ändere.

- ▶ Denken Sie daran: Beständigkeit erzeugt Vertrauen.
- ▶ Lernen Sie, sich immer mehr zu vertrauen. Steigern Sie Ihr Selbstvertrauen.
- ▶ Schenken Sie Ihren Mitarbeitenden Vertrauen, aber dulden Sie keinen Missbrauch und ändern Sie Ihr Verhalten.

Direkt

**Ängste & Vertrauen**
- Angst, zu kurz zu kommen
- Angst vor Enttäuschung
- Angst vor Verletzung
- Angst vor Abhängigkeit
- Angst vor Schwäche
- Angst vor Kontrolle
- Angst vor Versagen

2. Kennen Sie Ihre Ängste, welche kluges Vertrauen torpedieren? Wenn ja, wie gehen Sie damit um? Versuchen Sie zwei davon einen Tag lang zu identifizieren und daran zu arbeiten.

   ........................................

   ........................................

3. Weisen Sie Schuld oft von sich? Wenn ja, warum? Identifizieren Sie Ihre Beweggründe dafür. Stecken eventuell Feinde des klugen Vertrauens dahinter?

   ........................................

   ........................................

4. Empfinden Sie Kontrolle als Hilfe zur Zielerreichung? Wo empfinden Sie Kontrolle als Hilfe, wo als Belastung? Wie können Sie hier eine Balance finden?

   ........................................

   ........................................

   ........................................

   ........................................

## Lektion 6: Wie entsteht kluges Vertrauen?

**So entsteht kluges Vertrauen**

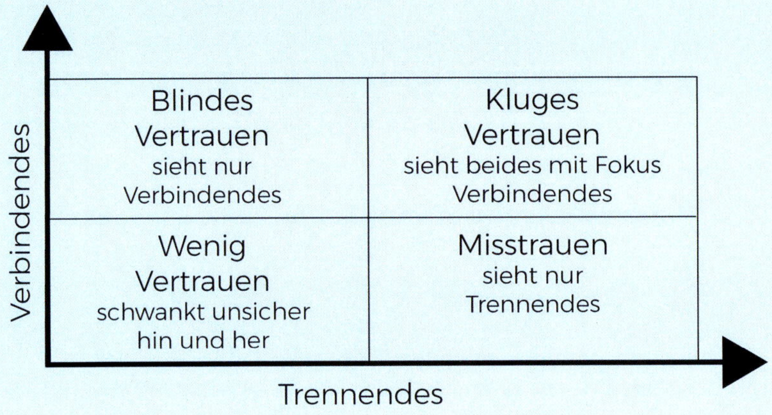


1. Wählen Sie drei Personen aus Ihrem Umfeld und versuchen Sie Ihr Vertrauensverhältnis zu Ihnen in die obrige Matrix einzuordnen. Hier einige Anregungen: *Partner*in/Mitarbeiter*in/Chef*in/Kinder/Eltern/Freunde/…* .

2. Überlegen Sie nun: Wodurch zeigt sich Ihr Vertrauen zu diesen Personen? Beziehungsweise was trennt Ihr Vertrauen? Wie gut können Sie sich auf das Verbindende konzentrieren?

**Wodurch sich Vertrauen zeigt:**

- Durch systematisches Kontrollieren zeigt sich Interesse.
- Durch Kontrolle ensteht Vertrauen.
- Durch Zutrauen ensteht Selbstvertrauen.
- Durch Fordern zeigt sich Glauben.
- Durch Setzen großer Ziele steigt Zutrauen.

*Vertiefen Sie dieses Modul in unserer Online-Lernwelt.*

www.grundl-institut.de/kluges-vertrauen

Direkt

**Über die Online-Lernwelt:**

Die Online-Lernwelt des Grundl Leadership Instituts ist eine innovative Streaming-Plattform, die es Ihnen ermöglicht, hunderte von Video-Lektionen zu sehen oder zu hören. Sie dient zum Erlernen neuer und zur Vertiefung bestehender Fähigkeiten.

Ob in den Bereichen Menschenführung, Gesprächsführung oder Selbstführung – die Lernwelt bietet ein Online-Lernerlebnis der Spitzenklasse. Die Video-Lektionen sind jederzeit und überall auf Ihrem Smartphone oder Computer verfügbar. Die Mitgliedschaft beinhaltet den Zugang zu einer Auswahl von über 61 Modulen, die von Boris Grundl persönlich aufgenommen wurden.

Jedes Modul umfasst mehrere Video-Lektionen zusammen mit einem ausführlichen Workbook und ergänzenden Seminar-Live-Mitschnitten. Sie erhalten außerdem Zugang zu vertiefenden Artikeln, unseren exklusiven Umsetzungscalls mit ausgebildeten Leading Simple© Trainern sowie den neusten Forschungsergebnissen zum Thema Verantwortung.

**Kurz zusammengefasst:** Die Online-Lernwelt des Grundl Leadership Instituts ist das wirkungsvollste mentale Fitnessstudio für Menschen, die wirklich wachsen wollen.

Sichern Sie sich jetzt einen Zugang zur Online-Lernwelt

**Grundl Leadership Institut**
Richard Kohler Weg 8
78647 Trossingen

Telefon: +49 (0) 7425/20997-0
Telefax: +49 (0) 7425/20997-99

info@grundl-institut.de